Mitteilungen über Forschungsarbeiten.

Die bisher erschienenen Hefte enthalten:

Heft 1: **Bach:** Untersuchungen über den Unterschied der Elastizität von Hartguss (abgeschrecktem Gusseisen) und von Gusseisen gewöhnlicher Härte.
Zur Frage der Proportionalität zwischen Dehnungen und Spannungen bei Sandstein.
Versuche über die Abhängigkeit der Festigkeit und Dehnung der Bronze von der Temperatur.
Versuche über das Arbeitsvermögen und die Elastizität von Gusseisen mit hoher Zugfestigkeit.
Versuche über die Druckfestigkeit hochwertigen Gusseisens und über die Abhängigkeit der Zugfestigkeit desselben von der Temperatur.
Untersuchung über die Temperaturverhältnisse im Innern eines Lokomobilkessels während der Anheizperiode.

Heft 2: **Stribeck:** Kugellager für beliebige Belastungen.
Göpel: Die Bestimmung des Ungleichförmigkeitsgrades rotirender Maschinen durch das Stimmgabelverfahren.
Holborn und **Dittenberger:** Wärmedurchgang durch Heizflächen.
Lüdicke: Versuche mit einem Lufthammer.

vergriffen

Heft 3: **Meyer:** Untersuchungen am Gasmotor.
Martens: Zugversuche mit eingekerbten Probekörpern.
Werkzeugstahl-Ausschufs: Schnelldrehstahl.

Heft 4: **Bach:** Versuche über die Abhängigkeit der Zugfestigkeit und Bruchdehnung der Bronze von der Temperatur.
Lindner: Dampfhammer-Diagramme.
Bach: Eine Stelle an manchen Maschinenteilen, deren Beanspruchung aufgrund der üblichen Berechnung stark unterschätzt wird.
Körting: Untersuchungen über die Wärme der Gasmotorenzylinder.
Claafsen: Die Wärmeübertragung bei der Verdampfung von Wasser und von wässrigen Lösungen.

Heft 5: **Bach:** Die Elastizität der an verschiedenen Stellen einer Haut entnommenen Treibriemen.
Staus: Beitrag zur Wärmebilanz des Gasmotors.
Pfarr: Bremsversuche an einer New American-Turbine.
Bach: Zur Frage des Wärmewertes des überhitzten Wasserdampfes.

Heft 6: **Schröder:** Versuche zur Ermittlung der Bewegungen und Widerstandsunterschiede grofser gesteuerter und selbsttätiger federbelasteter Pumpen-Ringventile.
Westberg: Schneckengetriebe mit hohem Wirkungsgrade.
Frahm: Neue Untersuchungen über die dynamischen Vorgänge in den Wellenleitungen von Schiffsmaschinen mit besonderer Berücksichtigung der Resonanzschwingungen.

Heft 7: **Stribeck:** Die wesentlichen Eigenschaften der Gleit- und Rollenlager.
Schröter: Untersuchung einer Tandem-Verbundmaschine von 1000 PS.
Austin: Ueber den Wärmedurchgang durch Heizflächen.

Heft 8: **Langen:** Untersuchungen über die Drücke, welche bei Explosionen von Wasserstoff und Kohlenoxyd in geschlossenen Gefäfsen auftreten.
Meyer: Untersuchungen am Gasmotor.

Heft 9: **Lasche:** Die Reibungsverhältnisse in Lagern mit hoher Umfangsgeschwindigkeit.
Dittenberger: Ueber die Ausdehnung von Eisen, Kupfer, Aluminium, Messing und Bronze in hoher Temperatur.
Bach: Die Elastizitäts- und Festigkeitseigenschaften der Eisensorten, für welche nach dem vorhergehenden Aufsatz die Ausdehnung durch die Wärme ermittelt worden ist.
Bach: Zwei Versuche zur Klarstellung der Verschwächung zylindrischer Gefäfse durch den Mannlochausschnitt.

(Fortsetzung siehe 3. Umschlagseite.)

Mitteilungen

über

Forschungsarbeiten

auf dem Gebiete des Ingenieurwesens

insbesondere aus den Laboratorien
der technischen Hochschulen

herausgegeben vom

Verein deutscher Ingenieure.

1904

Springer-Verlag Berlin Heidelberg GmbH

ISBN 978-3-642-90189-8 ISBN 978-3-642-92046-2 (eBook)
DOI 10.1007/978-3-642-92046-2

Inhalt.

Die Anwendung hoher Ueberhitzung beim Betrieb von Dampfturbinen.

Vergleichende Versuche an einer de Laval-Turbine, ausgeführt im Maschinenlaboratorium A der Technischen Hochschule Dresden.

Von **Ernst Lewicki.**

Vorbemerkungen.

Die im folgenden Berichte wiedergegebenen Untersuchungen sollen einen Beitrag liefern zu der noch offenen Frage: »Welchen Einfluß hat die Anwendung der Ueberhitzung beim Dampfturbinenbetrieb?« Die wenigen bisher hierüber bekannt gewordenen Versuchsergebnisse haben zu einer entscheidenden Beantwortung der Frage noch nicht geführt[1]). Wenn man auch bereits einige Ergebnisse kennt, durch die ein Vorteil der Dampfüberhitzung bei Turbinen festgestellt ist[2]), so sind doch weder sehr hohe Ueberhitzungsgrade dabei zur Anwendung gelangt, noch waren die angestellten Versuche so zahlreich und vollständig, daß man den Einfluß der Ueberhitzung nach verschiedenen Seiten hin danach beurteilen könnte.

In den Jahren 1900 und 1901 hatte ich Gelegenheit, mit einer de Laval-Turbine eingehende Leistungsversuche anzustellen, bei denen mit der Dampftemperatur u. a. bis 500° C hinaufgegangen wurde. Der Umstand, daß im Maschinenlaboratorium A der Technischen Hochschule Dresden im Herbst 1899 eine 30pferdige Dampfturbine genannter Bauart im Saal für Heißdampfmaschinen zur Aufstellung kam, führte naturgemäß dazu, diese Turbine, nachdem sie mit gesättigtem Dampf probiert war, auch mit hoher Ueberhitzung arbeiten zu lassen, wozu die Vorbedingungen daselbst gegeben waren[3]).

---

[1]) Vergl. u. a. Chr. Eberle in Zeitschr. des bayer. Dampfkessel-Rev.-Ver. 1900 S. 97.

[2]) Vergl. R. Thurston: The steam Turbine, Denkschrift, vorgelegt bei der Versammlung der American Society of Mechanical Engineers (1900), veröffentlicht Jan. 1901 in Scientific American Supplement.

[3]) Die Versuchsturbine ist ein Geschenk des Barons C. von Knorring, welcher in Gemeinschaft mit dem Ingenieur J. Nadrowski seit 1899 im Maschinenlaboratorium A auf dem Gebiete der Luft- und Dampfturbinen tätig ist. Ursprünglich war die Turbine zu dem Zwecke hier aufgestellt worden, mit Hülfe der im Laboratorium ebenfalls vorhandenen Druckluftanlage eine von Nadrowski vorgeschlagene Heißluftturbine mit Regenerierung zu erproben. Die Versuche gingen neben denjenigen mit überhitztem Dampf einher und sind noch nicht abgeschlossen. Bevor die Turbine zu den Luftversuchen verwendet wurde, sollte sie zunächst hinsichtlich ihres Dampfverbrauches bei Sattdampf-Betrieb geprüft werden. Diese ersten Versuche führte in der Hauptsache der Assistent Dipl.-Ing. Imle aus; sie bestätigten die schon bekannten Verbrauchszahlen. Darauf ging ich sofort an die Untersuchung mit Heißdampfbetrieb, und es zeigte sich bald, daß dabei einige Aenderungen an der Turbine sowohl wie an den Versuchseinrichtungen nötig wurden, so daß die Hauptversuche im wesentlichen erst in der zweiten Hälfte des August 1900 begonnen werden konnten, da auch der Einbau eines größeren Ueberhitzers abgewartet werden mußte. Vergl. auch den Sitzungsbericht des Dresdner Bezirksvereins deutscher Ingenieure, Z. 1901 S. 1716.

Diese zahlreichen Versuche haben eine Reihe von Beobachtungsergebnissen geliefert, über welche nachstehend dasjenige mitgeteilt werden soll, was für die Kenntnis und Praxis des Betriebes von Dampfturbinen mit Heißdampf von Bedeutung ist. Es sollen zunächst kurz die durch die Versuche zu klärenden Fragen, die Versuchseinrichtungen, die Meßverfahren und der Gang sowie die Hauptergebnisse der Versuche gekennzeichnet, dann die zur Beurteilung der letzteren nötigen Rechnungsgrundlagen dargelegt, die sich ergebenden Schlüsse gezogen und schließlich eine neue Betriebsart[1]) für Heißdampfturbinen erläutert werden, die demnächst an einer Anlage von 100 PS_e erprobt werden soll.

Bei den Versuchen, die mitunter nicht ganz einfache Vorarbeiten erheischten und mancherlei Schwierigkeiten verursachten, wurde ich von den Assistenten Herren Imle, Vacherot und Nägel (abwechselnd) sowie dem Techniker Herrn R. Kluge bereitwilligst unterstützt, welch' letzterer auch bei Berechnung der Zahlentafeln und Aufzeichnung der Diagramme und der Versuchseinrichtungen mit großer Hingabe tätig war. Außerdem waren tätig die Laboratoriums-Maschinisten Leichsenring und Rödel sowie Heizer Linke. Allen sei hiermit herzlich für ihre Hülfe gedankt.

§ 1.

Durch die Versuche zu klärende Fragen.

Es ist jedem Experimentator bekannt, daß man bei Beginn einer Versuchsarbeit nicht von vornherein alle diejenigen Fragen aufwerfen kann, welche durch die zu erwartenden Forschungsergebnisse eine Beantwortung oder Klärung erfahren können, vielmehr ergeben sich manche dieser Fragen erst im Laufe der Arbeit, und dies war auch bei den vorliegenden Untersuchungen der Fall. Gleichwohl sollen hier im rückblickenden Bericht gleich zu Anfang diejenigen Gesichtspunkte zusammengestellt werden, welche durch die Versuche eine Beleuchtung in der einen oder andern Richtung erfahren haben, und es wird sich dann bei der Darstellung der Versuche selbst Gelegenheit finden, die Umstände hervorzuheben, durch welche manche Frage eigentlich erst angeregt worden ist. Durch diese Zusammenstellung soll gleichzeitig ein Ueberblick über das ganze durchgearbeitete Versuchsgebiet gegeben werden. Auch soll hier bereits durch eine kurze Bemerkung die etwa gefundene Beantwortung gleich mit angedeutet werden, während die näheren Begründungen bei den weiteren Darlegungen ihre Stelle finden.

Frage 1: Läßt sich die de Laval-Turbine überhaupt mit hoch überhitztem Dampfe betreiben? Welches sind die Aenderungen, die etwa hierzu nötig werden?

> Antwort: Die Temperatur des Arbeitsdampfes kann bei 7 kg abs. Eintrittsdruck ohne Nachteil bis 500° C gesteigert werden, wenn man an Stelle der Bronze Stahl für die Düsen und deren Absperrventilkegel verwendet[2]).

Frage 2: Wie stellt sich die Dampf- und die Wärmeausnutzung beim Betrieb mit überhitztem Dampf gegenüber dem Betrieb mit gesättigtem Dampf bei verschiedenen Dampfdrücken und wechselnder Beaufschlagung der Turbine?

---

[1]) D. R.-P. Nr. 129 182.

[2]) Die Versuche erstreckten sich, wie hier bemerkt werden soll, nicht mit auf die Kessel- und Ueberhitzeranlage. Dies soll bei der neuen 100 PS-Versuchsanlage geschehen.

Antwort: Bis 500° C, wohin die Versuche ausgedehnt worden sind, sinkt im allgemeinen sogar der Brutto-Wärmeverbrauch (im Dampf am Eintrittsventil gemessen), ganz abgesehen von dem noch besonders zu erörternden Rückgewinn eines Teiles der Abdampfwärme.

Frage 3: Wie stellt sich die Reibungs-(Wirbelungs-)Arbeit des Turbinenrades im überhitzten Dampf bei atmosphärischer und bei Kondensatorspannung im Vergleich zu gesättigtem Dampf?

Antwort: Unmittelbare Messungen[1]) zeigen eine wesentliche Abnahme der Radreibung mit steigender Temperatur und mit sinkendem Druck des das Rad umgebenden Dampfes.

Frage 4: Wie verhält sich bei der de Laval-Turbine die Austrittstemperatur des überhitzten Dampfes im Vergleich zu derjenigen, welche der adiabatischen Expansion entspricht?

Antwort: Bei der (einstufigen) de Laval-Turbine liegt die Austrittstemperatur des Dampfes aus verschiedenen Gründen mehr oder weniger über der der adiabatischen Expansion entsprechenden, und mit hierauf gründet sich die später zu besprechende neue Betriebsanordnung für Heißdampfturbinen.

Frage 5: Wieweit stimmen die nach den theoretischen, für überhitzten Dampf umgerechneten Ausflußformeln sich ergebenden, durch die Düse strömenden Dampfmengen mit den durch Messung gefundenen bei der de Laval-Turbine überein?

Antwort: Die Uebereinstimmung mit den berechneten Ausflußmengen ist mindestens ebensogroß wie für gesättigten Dampf, so daß man die Ausflußformeln für die Bestimmung des Dampfverbrauches ohne weiteres benutzen kann, wenn Düsenquerschnitt und Druckverhältnis genau gemessen sind. Dies bietet einen großen Vorteil gegenüber den Kolbenmaschinen bei Dampfverbrauchversuchen.

Frage 6: Wie verhalten sich im Gegensatz zu den richtig erweiterten de Laval-Düsen zylindrische und verengte Düsen hinsichtlich der Leistung bei gleichen Dampfmengen und Drücken?

Antwort: Die Versuche zeigen, daß die de Lavalsche Düsen durchaus richtig konstruiert sind, und daß jede Abweichung hiervon bei der Turbine ungünstigere Ergebnisse liefert. Damit wird auch die de Laval-Zeunersche Theorie bestätigt, wonach der Dampf bei richtiger Düsenerweiterung im allgemeinen auf den Gegendruck expandiert und somit die der adiabatischen Expansion entsprechende Strömenergie annimmt[2]). Die durch Reibung an der Düsenwand hervorgerufenen Abweichungen sind gering.

Frage 7: Ist es möglich, bei guter Dampf- und Wärmeausnutzung Turbinen mit Dampf von atmosphärischem Druck zu betreiben?

Antwort: Nach der aus den Versuchen hierüber gewonnenen Kenntnis kann diese Frage wohl bejaht werden, und es wird eine größere Versuchsanlage nach dem Heißdampf-Turbinensystem (D.R.P. 129182) zur weiteren Erprobung dieser Betriebsweise vorbereitet.

[1]) Die auf elektrischem Wege ausgeführten bemerkenswerten Messungen des Turbinenradwiderstandes machte ich unter der gütigen Mitwirkung von Prof. W. Kübler, der mir dieses Verfahren vorschlug. stud. Behrend war bei diesen Versuchen behülflich.

[2]) Vergl. § 10 unter 6.

Frage 8: Wie stellt sich der Wärmedurchgang durch Heizflächen für den Uebergang der Wärme von überhitztem Dampf durch Rohrwände und Wasser?

Antwort: Die hierauf bezüglichen, gelegentlich der Regenerierversuche (Rückgewinnung von Abdampf-Ueberhitzungswärme) angestellten Versuche geben einigen Aufschluß über diesen Durchgangskoeffizienten, es sind jedoch noch mehr Einzelversuche nach dieser Richtung anzustellen.

Frage 9: Welche Verbesserungen sind zur Ausnutzung hoch überhitzten Dampfes an der Turbine noch vorzunehmen?

Fig. 1.

Anordnung für die Vorversuche.

Antwort: Wegen der durch hohe Ueberhitzung gesteigerten Dampfgeschwindigkeit ist es nötig, um den sogenannten hydraulischen oder Strömungs-Wirkungsgrad der Turbine zu vergrößern, sie mehrstufig, d. h. als Mehrstufen-Freistrahlturbine (im Gegensatz zur Mehrstufen-Ueberdruck- oder Vollturbine) zu bauen. Die Vollturbine (Ueberdruckturbine) dürfte kaum für sehr hohe Ueberhitzungsgrade geeignet sein, weil hierbei der Dampf mit der höchsten, d. h. der vollen Ueberhitzungstemperatur in das Laufrad tritt, was bei der de Laval-Turbine wegen der adiabatischen Expansion bis auf den Auspuff- oder Kondensatordruck in der Leitvorrichtung (Düse) ausgeschlossen ist[1]).

[1]) Einige andere Vorschläge werden im Anhang gemacht werden.

§ 2.

Die Versuchseinrichtungen.

Die Versuchsanlagen sind in Fig. 1 bis 5 dargestellt. Fig. 1 zeigt die Versuchsturbine in ihrer Anordnung bei den Vorversuchen, während Fig. 2 bis 5 die Hauptversuche betreffen.

Die von der Maschinenbauanstalt Humboldt in Kalk bei Köln gelieferte de Laval-Turbine, welche bei 2000 Uml./min am Vorgelege, entsprechend 20000 der Turbinenwelle, sowie bei 6 kg Dampfüberdruck ohne Kondensation normal 30 PS_e leistet, trug auf ihrer Vorgelegescheibe einen — gleich von der Maschinenfabrik mitgelieferten — Pronyschen Zaun (s. Anhang 1). Die Bauart der de Laval-Turbine kann als bekannt vorausgesetzt werden; sie findet sich in der Literatur häufig dargestellt[1]). Es kommt hier darauf an, die Zusammenstellung der Versuchsanordnung zu veranschaulichen, und die Lage der Meßgeräte anzugeben. In Fig. 3 und 5 sind die Dampfein- und -ausströmung bei der Turbine durch Pfeile gekennzeichnet. Zur Messung des verbrauchten Dampfes, der bei den Vorversuchen aus einem stehenden Schmidtschen Heißdampfkessel, bei den Hauptversuchen einem mit Ueberhitzer versehenen Flammrohrkessel entnommen wurde, diente ein als Oberflächenkondensator benutzter Mattickscher Röhrenvorwärmer *c*, Fig. 3, von 10 qm Röhrenoberfläche und 1,4 qm Mantelfläche[2]), dem das Kühlwasser aus der städtischen Wasserleitung zugeführt wurde, und der bei stehender Anordnung, Fig. 2 und 3, gestattete, den Dampfverbrauch der Turbine in kurzer Zeit genügend genau zu messen. Fig. 3 veranschaulicht diese Aufstellung des Vorwärmers, der also bei den Versuchen mit Auspuffbetrieb als »atmosphärischer« Kondensator wirkte. Das Kühlwasser fließt durch die dampfumspülten Rohre und außerdem durch den äußeren Mantelraum, während der Dampf durch die zwischen die Röhren eingesetzten Messingbleche *p* gezwungen wird, einen möglichst langen Weg zurückzulegen. Das Kondensat sammelt sich am Boden des von Mantel und Rohrboden gebildeten Raumes und fließt hier durch einen Seitenstutzen *d*, der durch einen Hahn *e* absperrbar ist, nach dem Meßgefäß *h* ab. Im Beharrungszustande steht also der Wasserspiegel im Innern dieses Kondensators in stets gleicher Höhe, was durch ein Wasserstandglas *q* überwacht werden kann. Zur Abführung von Luft sowie des etwa noch nicht kondensierten Dampfes dient ein oberer Austrittstutzen *f*, welcher nach einer Kühlschlange aus Bleirohr *g* führt, die durch ein Kühlfaß *r* geleitet wird. Das hier noch gebildete Kondensat fließt ebenfalls in das Meßgefäß *h* (Eimer oder Meßflasche). Diese Art der Bestimmung der von der Turbine gebrauchten Dampfmenge hat vor derjenigen, bei welcher das Kesselspeisewasser vor Eintritt in den Kessel gemessen wird, den anerkannten Vorzug, daß erstens die Versuche in viel kürzerer Zeit ausgeführt werden können und zweitens die Beobachtungsfehler, die bei der Speisewassermessung durch den schwankenden oft sehr ausgedehnten Wasserspiegel im Kessel sehr erheblich werden können, wegfallen[3]). Der Meßeimer bei diesem Verfahren ist entweder geeicht, oder man bestimmt die in einer gewissen Zeit eingeflossenen Kondensationswassermengen durch Wägung, wie es meist bei meinen Versuchen geschah, da das Kondensat in der Regel ziemlich warm in den Eimer tritt. Mit gutem

---

[1]) s. z. B. Z. 1895 S. 1189;

[2]) Der Außenkühlmantel (aus Zinkblech) ist zur Vergrößerung der Gesamtkühlfläche nachträglich angebracht worden.

[3]) Ein Dampfverlust durch Undichtheiten an der Turbine (Stopfbüchse) war nicht zu bemerken.

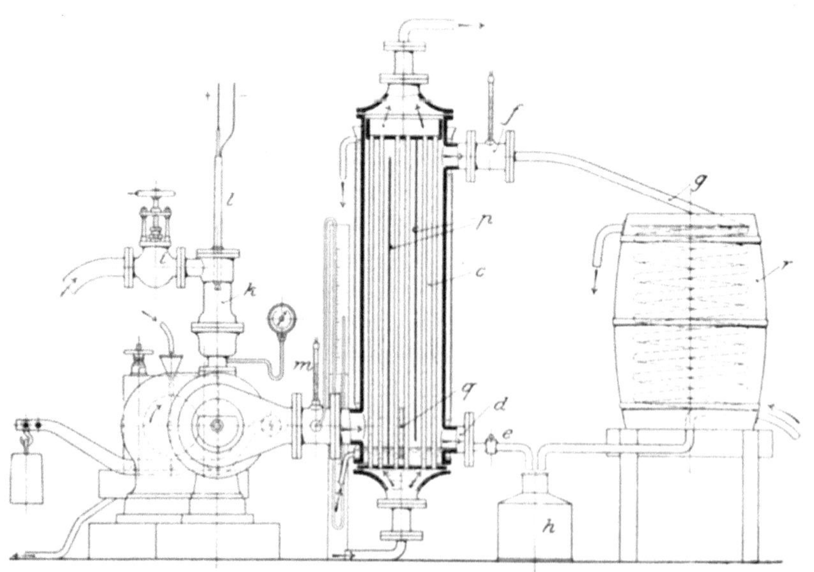

Fig. 2 und 3. Anordnung für die **Hauptversuche** mit Auspuff.

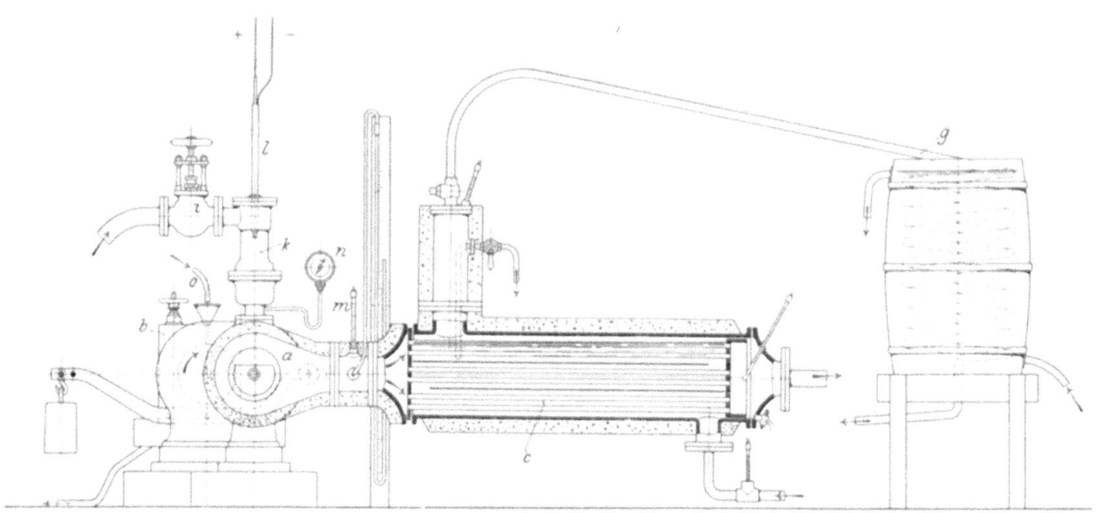

Fig. 4 und 5. **Anordnung für die Hauptversuche mit Kondensation und Regenerierung.**

Erfolg wurde auch zur Messung des Kondensats eine enghalsige Blechflasche verwendet, die für warmes Wasser geeicht war. Die Zeit des Wasserausflusses in den Eimer oder in die Flasche wurde mit einer auf $^1/_5$-Sekunden genau anzeigenden Uhr bestimmt und so aus Zeit und Menge die stündliche Dampfmenge

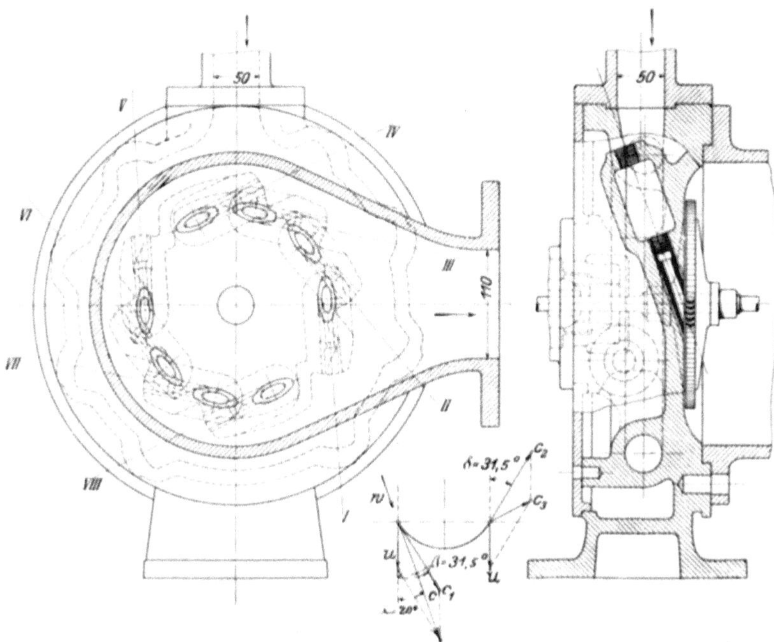

Fig. 6 und 7.

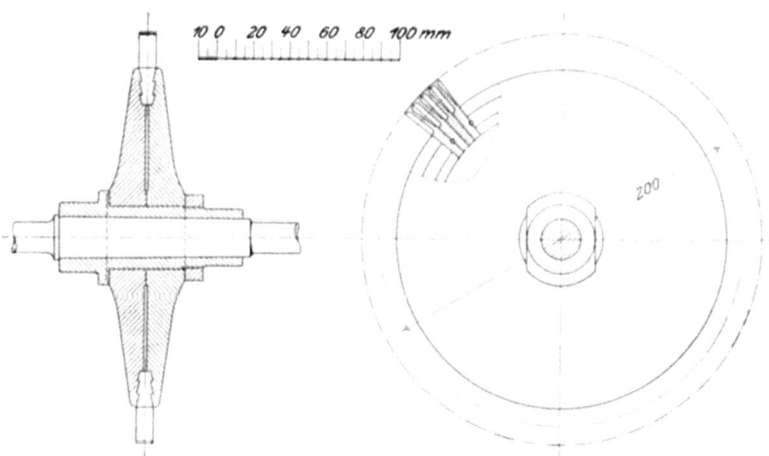

Fig. 8 und 9.

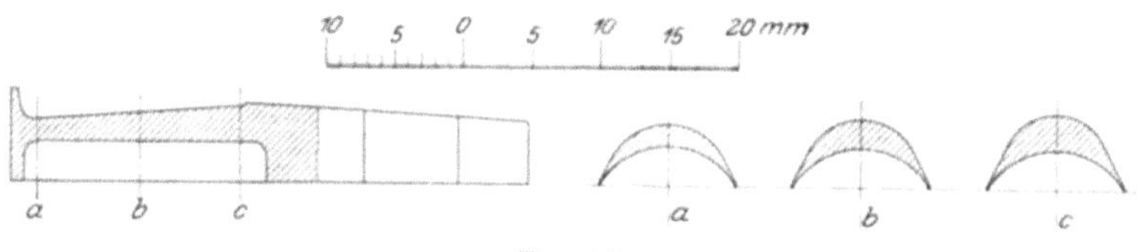

Fig. 10.

Fig. 6 bis 10. Einzelheiten der Versuchsturbine.

ermittelt. Wiederholte Versuche bei einem und demselben Betriebzustande ergaben hinsichtlich der auf die Stunde berechneten Wassermenge völlig befriedigende Uebereinstimmung.

Was die Einzelheiten der Turbine betrifft, so sei auf Fig. 6 bis 10 verwiesen. Ueber die verwendeten Düsen, deren Lage im Gehäuse Fig. 6 angibt, folgt weiter unten genaue Angabe. (Vergl. § 6, Zahlentafel 1 bis 3.)

§ 3.
Die Meßeinrichtungen.

Für den Betrieb mit überhitztem Dampf hatte sich im Laufe der Versuche gezeigt, daß die Düsen aus Bronze wegen der verschiedenen Ausdehnung in ihren kegeligen Sitzen — s. Fig. 6 und 7 — mit der Zeit locker wurden, womit Dampfverluste, selbst bei abgesperrten Düsen, eintreten mußten. Daher wurden von Ende September 1900 ab die Düsen aus Bronze gegen solche aus Stahl und Flußeisen ausgewechselt; dasselbe geschah mit den Absperrkegeln der Düsen. Um bei den Messungen der Eintrittspannung und der Temperatur richtige, d. h. dem Zustand des Dampfes beim Eintritt in die Düsen möglichst entsprechende Werte zu erhalten, wurde ferner das hinter dem Eintrittventil i, Fig. 3, im senkrechten Stutzen k eingebaute, vom Regulator beeinflußte Drosselventil herausgenommen und der Druck während der Versuche von Hand durch das genannte Eintrittventil eingestellt. Für die Versuche mit gesättigtem Dampf war es von Bedeutung, sich zu vergewissern, daß der eintretende Dampf auch wirklich trocken gesättigt sei. Zu diesem Zwecke wurde der Kesseldruck nur so viel höher gehalten als der Arbeitsdruck, daß beim Einregulieren des letzteren die »Drosselüberhitzung« eben nur verschwand, d. h. daß die Dampftemperatur gerade der Sättigungstemperatur des jeweiligen Arbeitsüberdruckes am Turbinenmanometer entsprach.

a) Die Druckmessungen.

Zur Druckmessung für den Dampfeintritt diente ein Kontrollmanometer mit Röhrenfeder, welches 0,05 kg bequem abzuschätzen gestattete. Es wurde übrigens mehrmals mittels eines Quecksilbermanometers daraufhin nachgeprüft, ob nicht die mitunter starke Wärmeausstrahlung von der Turbine her Fehler veranlaßte. Bei der gewählten Aufstellung trat keine Veränderung am Manometer ein, wenn man einen Strahlungsschutz anwandte. Für die Vakuumversuche wurden nur Quecksilber-Vakuummeter verwendet.

b) Die Temperaturmessungen.

Nachdem anfänglich gewöhnliche Quecksilberthermometer mit Stickstofffüllung im Oelbad zur Bestimmung der Dampftemperaturen verwendet worden waren, zeigten sich dabei namentlich bei den hohen Temperaturen (über 300° C) mancherlei Unzuträglichkeiten. Es trat das bekannte »Kochen« oft schon bei niedrigeren Temperaturen ein, als die Thermometerskala angab, und dann zeigte sich, daß das im Oelsack befindliche hochsiedende Oel (sogenanntes Heißdampf-Zylinderöl) doch Bestandteile enthielt, welche niedrigere Siedepunkte hatten und somit das Steigen des Thermometers verzögerten. Eine späterhin an Stelle von Oel verwendete leicht schmelzbare Metalllegierung hat diese Störung vollständig beseitigt. Gleichwohl habe ich zu den Versuchen mit den höchsten Ueberhitzungsgraden (450 bis 500° C) ein Le Chateliersches Thermoelement l, Fig. 3, benutzt, welches anfänglich ebenfalls in das Oelbad, schließlich jedoch unmittelbar in den Dampfraum, also gegen Ueberdruck abgedichtet, eingebaut wurde, wie Fig. 11 zeigt. Dieses in der Physikalisch-Technischen Reichsanstalt geeichte Gerät hat sich als sehr brauchbar erwiesen, indem es, derartig eingebaut, die Temperaturänderungen im Dampf sehr schnell anzeigte. Die Skala des zugehörigen Galvanometers, von 10 zu 10° geteilt, gestattet bequeme Ablesungen

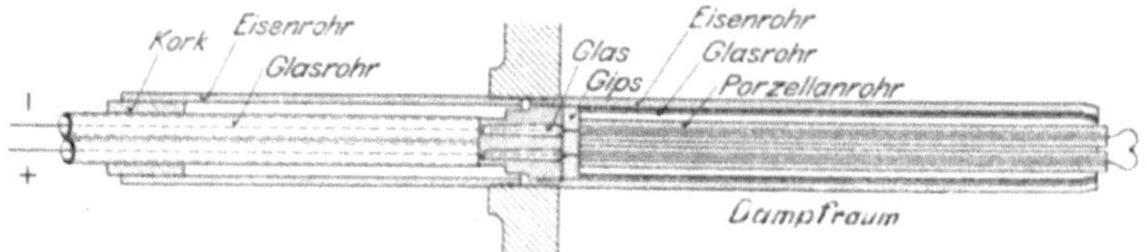

Fig. 11. Thermoelement nach Le Chatelier.

auf 5° C und läßt auf $2^1/_2$° noch genügend sicher abschätzen, was für die hohen Temperaturen bei den vorliegenden Versuchen völlig ausreichend ist. Für die Austrittstemperatur des überhitzten Dampfes, welcher hier wohl zum erstenmal besondere Aufmerksamkeit geschenkt worden ist, was zu bemerkenswerten Folgerungen geführt hat, benutzte ich, weil hier wesentlich niedrigere Temperaturen in Frage kamen, in der Regel ein Quecksilberthermometer *m*, Fig. 3, das bei Auspuffbetrieb ebenfalls unmittelbar in den Dampf eingeführt wurde.

c) Die Zählung der Umläufe.

Die Umlaufzahl wurde durchweg an der Vorgelegewelle, also wie allgemein bei de Lavalschen Turbinen, im Verhältnis 10 : 1 vermindert, gemessen. Dies geschah anfänglich mittels eines gegen die Stirnseite der Welle gehaltenen Schwungkraft-Tachometers, welches die jeweilige Geschwindigkeit und Umlaufzahl anzeigt; später — und dies fand bei allen endgültigen Versuchen statt — benutzte ich ein Zählwerk für rasch laufende Wellen. Es wurde mittels Ausrück-

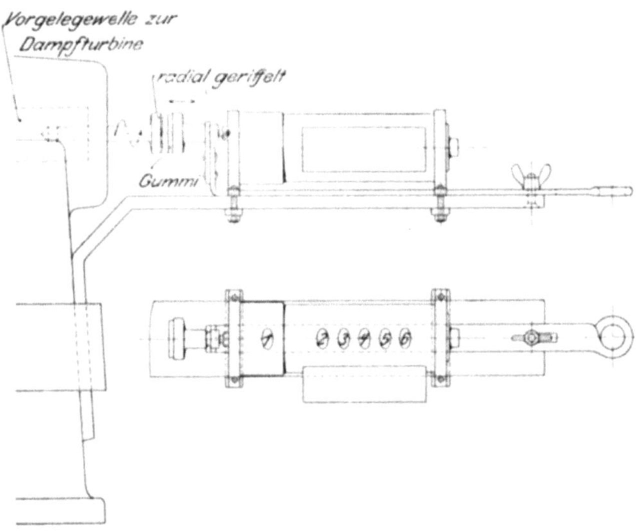

Fig. 12 und 13. Umlaufzähler.

vorrichtung jedesmal zu Beginn des Versuches mit der Welle gekuppelt und ebenso am Schluß zum Stillstand gebracht. Die Kupplung ist eine kleine mit Gummischeibe versehene Scheibenkupplung, die sich vorzüglich bewährt hat. Die allgemeine Anordnung der Zählerkupplung ist aus Fig. 2 ersichtlich; Fig. 12 und 13 geben Einzelheiten. Wiederholt wurde geprüft, ob während der Zählung etwa eine gegenseitige Verdrehung zwischen den Kupplungshälften eintrat, was am einfachsten dadurch geschah, daß parallel zur Achse über beide Kupplungshälften ein kleiner Riß gemacht war, der nach Stillsetzen des Zählers und der Turbine sofort erkennen ließ, ob eine Verdrehung stattgefunden hatte. Es ist dies bei einiger Aufmerksamkeit und guter Schmierung des Zählers nicht vorgekommen. Außerdem aber war eine Verdrehung der Kupplungshälften sofort daran erkennbar, daß sich von der Gummischeibe kleine Teilchen abrieben und unten ansammelten. Die so ausgeführten Umlaufzählungen haben sehr gute Uebereinstimmung ergeben. Das Einer-Zählwerk konnte dabei allerdings nicht mit berücksichtigt werden; da jedoch kein Einzelversuch unter 2 Minuten dauerte, so war der größte Zählfehler bei rd. 2000 Uml./min nicht größer als $^1/_4$ vH, was als genügend genau angesehen werden kann. Die Tachometermessung, die hin und wieder gleichzeitig mit der Zählung stattfand, indem man Tachometer und Zähler hintereinander schaltete, diente dann nur zur Einstellung der Geschwindigkeit.

d) Die Bremsung.

Hinsichtlich der Bremse ist zu bemerken, daß ihre Backen aus Eichenholz bestanden, und daß die Kühlung durch reichliche Wasserzufuhr von oben nach den sich kreuzenden Rinnen in den Leibungsflächen der Backen bewerkstelligt wurde. Die anfänglich benutzte Oelschmierung bewährte sich gar nicht, da hierbei die erzeugte Wärme zu langsam abgeführt wurde und nach kurzer Zeit eine derartige Wärmesteigerung an der Bremse eintrat, daß Oel und Holz zu brennen anfingen. Die Wasserkühlung dagegen wurde so eingestellt, daß eine größere Erwärmung als 30 bis 40° C an der Bremse gar nicht mehr auftrat. Beide Backen wurden durch Handrad und Schraube angepreßt, wobei eine zwischen Handrad und oberen Bremsklotz eingeschaltete Kegelfeder die Einstellung wesentlich erleichterte.

Die Radachsenlager wurden bei den hohen Ueberhitzungsgraden mit Heißdampf-Zylinderöl geschmiert, welches sich auch bei 500° C als völlig genügend erwies, da diese Temperatur gar nicht bis an die Lager gelangen kann, wo im Höchstfalle etwa 350° auftraten.

Um die Undichtheitsverluste der geschlossenen Düsen und die dadurch entstehenden Meßfehler zu ermitteln, wurde von Zeit zu Zeit die Durchlässigkeit in der Weise bestimmt, daß nach Absperrung sämtlicher 8 Düsen der bei verschiedenen Drücken in der Zeiteinheit durchströmende Dampf durch Kondensation gemessen wurde. Darauf fand bei abgenommenem Gehäusedeckel und herausgenommenem Rade eine Besichtigung der Düsenwand statt, und man konnte an den heraustretenden Wassertropfen leicht finden, wie sich die Undichtheiten auf die einzelnen Düsen verteilten. Es war hierdurch bis zu einem gewissen Grade möglich, die Dampfmessungen zu berichtigen. Auf andere Fehlerquellen und die zu ihrer Beseitigung getroffenen Maßnahmen wird bei Beschreibung der einzelnen Versuche noch zurückzukommen sein.

§ 4.
Die Zeiten der Versuche.

Nachdem im Winter 1899/1900 unter hauptsächlicher Beteiligung des Assistenten Hrn. Imle zahlreiche Versuche über Leistung und Dampfverbrauch mit gesättigtem Dampf an der Turbine angestellt worden waren, bei denen auch die Praktikanten des Laboratoriums zum erstenmal Gelegenheit hatten, die

Dampfturbine im Betrieb kennen zu lernen und wobei manche schätzenswerte Erfahrung für die Ausführung der weiteren Versuche gesammelt wurde, ging ich vom 21. August 1900 ab an die Ausführung einer neuen Versuchsreihe. Während vorher der Dampfverbrauch mittels der sehr zeitraubenden Speisewasserwägung bestimmt worden war, wurde er von jetzt ab mithülfe des oben (§ 2) beschriebenen Röhrenvorwärmers gemessen, wodurch die Dauer der Einzelmessungen ganz wesentlich verkürzt, die Genauigkeit aber trotzdem gesteigert worden ist.

Vom 21. August bis 4. September: an 7 Tagen mit zusammen 41 Stunden Leistungsversuche mit gesättigtem und überhitztem Dampf.

4. September: Unterbrechung der Versuche, da ein für den Abfluß des Kühlwassers nötiges Schleusenrohr (Schamott) beim Bau eines neuen Kohlenkellers gebrochen war.

7. September bis 27. September: Fortsetzung der Versuche an 14 Tagen mit zusammen 94 Stunden.

22. September: Turbine geöffnet, Düsen frisch abgedichtet und Verschlußkegel der Düsen-Absperrventile nachgedreht.

27. September: Die Rotgußdüsen werden durch solche aus Stahl ersetzt, da sich beim überhitzten Dampf mit den ersteren keine dauernde Dichtheit zwischen Düse und Düsensitz erzielen ließ.

28. September bis 29. Dezember: an 7 Tagen mit zusammen 30 Stunden Fortsetzung der Versuche [1]).

11., 12. und 14. Januar 1901: Vergleichung der Thermoelemente und Eichung von Thermometern. Zur gleichmäßigen Erwärmung der zu vergleichenden Meßgeräte diente anfänglich ein Sandbad, in das ölgefüllte Probierröhrchen eingesetzt wurden, welche die Thermoelemente aufnahmen. Diese Einrichtung bewährte sich nicht; namentlich von 300° ab blieben die Thermometer hinter der Temperatur des Sandbades unregelmäßig zurück; daher zeigten die Thermoelemente gegenüber den in Sand eingesetzten Thermometern ein Voreilen. Später wurde diese Eichung auf andere Weise wiederholt (vergl. 28. März).

15. Januar bis 13. März: an 12 Tagen mit zusammen 48 Stunden Leerlaufversuche zur Bestimmung des Radwiderstandes in verschiedenen Medien sowie bei verschiedener Geschwindigkeit.

20. März: Kontrollversuche, 7 Stunden (mit Auspuff).

28. März: neue Eichung der Thermometer und Vergleichung der Thermoelemente. Metallbad aus leichtflüssiger Legierung. Probierröhrchen mit feinem Quarzsand gefüllt, worin die Thermoelemente stecken. Thermometer unmittelbar im Metallbade. Später wurden die Thermoelemente ebenfalls unmittelbar in das Metallbad gebracht.

3. April bis 18. Mai: Fortsetzung der Versuche an 7 Tagen mit zusammen 49 Stunden.

25. Mai bis 18. Juli: Versuche über die Ausnutzung des heißen Abdampfes an 9 Tagen mit zusammen 58 Stunden.

9. und 13. August: nochmals Auspuffversuche, 14 Stunden.

16. August bis 9. September: Versuche bei Kondensationsbetrieb (mittleres Vakuum). Wie sich beim Umzug in das neue Laboratorium herausstellte, war der Grund für das nicht genügend hohe Vakuum in dem schlechten Zustande (Sprödigkeit) der Klappen der bei diesen Versuchen benutzten Luftpumpe zu suchen. 5 Tage mit zusammen 35 Stunden.

---

[1]) Nach dem 22. Dezember wurde der neue Ueberhitzer am Flammrohrkessel benutzt.

10., 11., 13. und 14. September: Druckmessungen an Dampfstrahlen und Photographieren der letzteren; 16 Stunden.

4. und 5. Oktober: letzte Kontrollversuche mit Auspuffbetrieb; 10 Stunden.

Im ganzen waren demnach die Versuche auf 68 Tage mit zusammen rd. 400 Stunden verteilt. Dabei ist die Vorbereitungszeit für die Ingangsetzung der Kessel und Maschinen nicht mit gerechnet.

§ 5.

Gang und Ausführung der Versuche.

a) Die Dampf- und Wärmeverbrauchsversuche.

Hierzu diente die in den Figuren 2 und 3 veranschaulichte Versuchsanordnung, mit welcher die weitaus meisten Einzelversuche gemacht worden sind. Der Vorgang dabei war folgender: Nachdem die Einströmdüsen geöffnet waren, wurde die Turbine durch geringes Oeffnen des Dampfeinströmventiles angewärmt, wobei zunächst auch der am Austrittgehäuse unten befindliche Kondensationswasserhahn geöffnet blieb, um das sich anfänglich an den kalten Wänden bildende Niederschlagwasser abzulassen. Darauf wurde die Turbine durch Lockern der Bremse angelassen und dann belastet, d. h. es wurde die Bremsbelastung so eingestellt, daß die Turbine mit der gewünschten Umlaufzahl bei wagerecht schwebendem Bremshebel und unter Einhaltung des festgesetzten Dampfdruckes im Beharrungszustande lief. War dieser eingetreten und der Kühlwasserzufluß zur Dampfmeßvorrichtung (Kondensator) so eingestellt, daß sich der Arbeitsdampf vollständig niederschlug, was daran zu erkennen war, daß aus den Wasserablaufröhren kein sichtbarer Dampf und kein zu heißes Wasser strömte, so begann der Versuch[1]). Nun wurde während der Versuchszeit folgendes beobachtet:

1) die Umlaufzahl an der Vorgelegewelle;
2) die Bremsbelastung;
3) der Eintritts-Dampfdruck nebst Barometerstand und Lufttemperatur im Versuchsraum;
4) der etwa vorhandene Ueberdruck im Austrittraum (Kondensator)[2]);
5) die Temperatur des eintretenden und des austretenden Dampfes;
6) die verbrauchte Dampfmenge.

Durch die Kondensationseinrichtung zur Bestimmung des Dampfverbrauchs war es möglich, innerhalb sehr kurzer Zeit gut übereinstimmende Messungen zu erzielen. Bei den Versuchen mit hoch überhitztem Dampf, wo der Dampfverbrauch wesentlich niedriger war als bei gesättigtem Dampf, wurde die Zeitdauer des Einzelversuches nach der Füllung der für warmes Wasser geeichten dünnhalsigen Meßflasche von 6,33 kg Inhalt mittels des Chronographen bestimmt und später der stündliche Verbrauch aus der Zeitbeobachtung durch einfaches Umrechnen gefunden. (Vgl. den Abdruck eines Originalprotokolls, Zahlentafel 31, § 9.)

Dieses Verfahren eignete sich ganz besonders für die Versuche mit steigender Ueberhitzung, wobei mit kurzen Unterbrechungen viele Einzelversuche hintereinander angestellt werden mußten. Ein solcher Versuch, der den

[1]) Der in einem Wasserstandrohr sichtbare Wasserspiegel im Dampfraum des Kondensators durfte sich während des Versuches nicht ändern, was stets dann der Fall war, wenn der Dampfdruck genau gleich hoch gehalten wurde.

[2]) Dieser Ueberdruck im Austrittraum war meist verschwindend und konnte mittels Wassermanometers gemessen werden, wobei sich mitunter Schwankungen von einigen Zentimetern Wassersäule nach oben wie nach unten ergaben. In den Berechnungen der Ergebnisse wurde der Gegendruck genau genug zu 1 kg/qcm angenommen.

Einfluß der steigenden Ueberhitzung in einem Kurvenbilde darzustellen erlaubte, dauerte gewöhnlich einige Stunden. Es wurde dabei so verfahren: Nachdem für die Sättigungstemperatur[1]) der Beharrungszustand eingetreten war, wurde allmählich die Ueberhitzung gesteigert, und nun wurde beobachtet, wie die Bremsbelastung bei gleichbleibender Umlaufzahl oder aber die Umlaufzahl bei gleichbleibender Bremsbelastung[2]) zunahm. Dabei wurden jeweils die Umlaufzähler sowie die Thermometer zu Anfang und zu Ende jedes Einzelversuchs abgelesen und dann für den betreffenden Kurvenpunkt das Mittel aus den Ablesungen gebildet[3]). Am Schluß einer solchen Versuchsreihe, d. h. bei der höchsten Ueberhitzung, wurde gewöhnlich noch ein längerer Kontrollversuch ausgeführt. Meist waren außer dem Heizer 3 Beobachter bei den hier geschilderten Versuchen tätig, von denen einer die Bremse sowie den Umlaufzähler, einer das Dampfeinlaßventil, Manometer und Thermometer, der dritte die Dampfmeßvorrichtungen bediente bezw. beobachtete.

Nachdem aus den zahlreichen Versuchsreihen mit Dampfverbrauchmessung genügend genau die bei verschiedenen Dampfdrücken und Temperaturen durch die einzelnen Düsen fließenden Dampfmengen ermittelt und die für überhitzten Dampf aufgestellte Ausflußformel durch die Versuche bestätigt war, habe ich bei den späteren Versuchen mit Vakuum den Dampfverbrauch nicht wieder gemessen, sondern aus Düsendurchmesser (der sich auf $^1/_{100}$ mm genau bestimmen läßt), Druck und Temperatur berechnet. Bei den Vakuumversuchen mußte nämlich als Luftpumpe diejenige einer im Versuchsraum aufgestellten Dampfmaschine benutzt werden, die an den Oberflächenkondensator angeschlossen wurde, wobei eine Messung des Kondensates untunlich war. Um diese Luftpumpe überhaupt zu benutzen, mußte die betreffende Maschine auf Auspuff geschaltet werden, so daß sie dann lediglich als Antriebmaschine für die Luftpumpe diente. Diese Anordnung der Versuchsmaschine diente zur Beantwortung der Fragen in § 1.

b) Die Versuche über die Ausnutzung der Abdampfwärme.

Diese Versuche führte ich mit der Anordnung nach Fig. 4 und 5 aus, wobei also der Kondensator liegend angeordnet und so eingerichtet war, daß der Abdampf **durch** die Röhren strömte, während das die Abwärme aufnehmende Wasser um die Röhren geleitet wurde. Diese Anordnung gestattete auch, den Kondensator als mit Abdampf geheizten Dampferzeuger zu benutzen, indem der Wasserstand im Wasserraum gesenkt und der aus dem Wasser gebildete Dampf aus dem aufgesetzten Dom entnommen und im Kühlfaß (Bleirohrschlange) kon-

---

[1]) Es mag gleich hier erwähnt werden, daß die Düsen für den Sättigungszustand ein etwas anderes Erweiterungsverhältnis erfordern als für Ueberhitzung. Dieser Umstand drückte sich auch in den erhaltenen Versuchsergebnissen aus. Es müssen also für den Anfang der Dampfverbrauchkurven die entsprechenden Versuche mit Sattdampfdüsen benutzt werden.

[2]) Die hier erwähnten Versuche wurden allerdings meist mit gleichbleibender Umlaufzahl angestellt, da man aus praktischen Gründen nicht gern die regelrechte Umlaufzahl einer Turbine überschritt. Ueber die günstigste Umlaufzahl bei bestimmtem Dampfdruck und bei gesättigtem und überhitztem Dampf habe ich ebenfalls Versuche angestellt, worüber in § 12 unter 5 nähere Angaben gemacht werden.

[3]) Genau genommen müßte man die zeitliche Nacheilung des Thermometers kennen, um einen zutreffenden Schluß auf die während des Einzelversuchs wirklich vorhandene Mitteltemperatur ziehen zu können. Bei dem unmittelbar in den Dampfraum eingeführten Thermoelement war der Fehler jedenfalls sehr gering, ebenso bei dem im Metallbade steckenden Quecksilberthermometer.

densiert wurde. Für die reinen Vorwärmversuche mit Abdampf (unter Ueberdruck) wurde das vorzuwärmende Wasser nach Absperren der Dampfleitung in das Kühlfaß von unten eingepumpt und unter entsprechender Drosselung oben durch ein Eintauchrohr abgeführt. Dabei war an der (nicht mit dargestellten) Speisepumpe ein Manometer angebracht, und es wurde diese Pumpe durch eine von der Transmission getriebene Seil-Zugvorrichtung in Gang gesetzt, so daß man dauernd unter bestimmtem Ueberdruck beispielsweise eine der Abdampfmenge gleiche Wassermenge hindurchtreiben konnte. Auf diesem Wege war es möglich, die Ausnutzung der Abdampfwärme auf verschiedene Weise zu studieren, nämlich

Fig. 14. Vorrichtung zur Strahldruckmessung.

1) bei Erzeugung von Frischdampf aus kaltem oder auf Kesseltemperatur vorgewärmtem Wasser zunächst die Temperaturabnahme des überhitzten Abdampfes zu ermitteln, und

2) den nun minderüberhitzten Abdampf weiter zum Vorwärmen von Speisewasser (kalt oder auf Kondensatortemperatur gebracht) unter Kesseldruck zu benutzen.

Diese Versuche dienten im wesentlichen zur Beurteilung der Frage 4 in § 1, worauf ich bei Mitteilung der betreffenden Ergebnisse nochmals zurückkommen werde.

c) Wieder ein anderer Weg wurde eingeschlagen, um die Leerlaufwiderstände der Turbine und des Rades in verschiedenen Medien zu messen.

Dabei wurde die unbelastete Turbine von einem Elektromotor angetrieben und aus dem Energieverbrauch sowie dem bekannten Wirkungsgrade des Motors die an die Turbine abgegebene Arbeit bestimmt. Allerdings kam dabei noch der Riemengleitverlust in Abzug, der wieder aus dem Unterschiede der gemessenen und der nach dem Scheibendurchmesser sich ergebenden Umlaufzahlen von Motor und Turbinen-Vorgelegewelle zu beurteilen war, und zwar wurde die hierdurch verursachte Mehrarbeit diesem Gleitverlust proportional gesetzt und dafür die Riemensteifigkeit vernachlässigt. Um die verschiedenen Dampftemperaturen und -drücke im Radgehäuse herzustellen, wurde der einzuführende Dampf durch Gas künstlich überhitzt; anderseits wurde der Raum mit der Luftpumpe des Dampfmaschinen-Kondensators in Verbindung gebracht. So gelang es, bei Vakuum noch eine Ueberhitzung bis 300° C zu erzielen. Diese Versuchsanordnung diente zur Klärung der Frage 3 in § 1.

d) Die Strahldruckmessungen, die ich nach Beendigung der Hauptversuche im September 1901 vornahm, sind folgendermaßen ausgeführt worden (vergl. Fig. 14):

Ein kleiner, sonst zur Prüfung von Indikatorfedern benutzter Dampfkessel wurde mittels einer Zuleitung mit dem großen Versuchskessel verbunden und hatte außerdem eine eigene Gasheizung, durch welche es möglich war, den Dampf, der in der dünnen und langen Zuleitung seine Ueberhitzungswärme leicht verlor, einigermaßen zu überhitzen. Am Dom dieses Kessels wurden ein Kontrollmanometer, ein Thermometer (im Oelsack) und schließlich die betreffende Ausströmdüse angebracht. Der Dampfstrahl strömte nun gegen eine dicke, ebene Eisenplatte von 108 mm Dmr., die mit einem auf Schneiden gelagerten Winkelhebel fest verbunden war, dessen wagerechter Arm eine Wagschale trug. Mit dieser Einrichtung wurden die auf Frage 6 in § 1 bezüglichen Erhebungen angestellt.

§ 6.

Die Dampfeinströmdüsen.

Da die Düsen bei der Beurteilung der Ergebnisse eine wichtige Rolle spielen, gebe ich zunächst eine Zusammenstellung der benutzten Düsen. Ihre Konstruktion und Form ist im allgemeinen aus Fig. 15 ersichtlich, wo eine normale de Lavalsche Auspuffdüse (in das Gehäuse eingesetzt), eine nach dem Ausströmende zu konisch verengte sowie endlich eine Kondensationsdüse dargestellt sind. In Zahlentafel 1 sind alle auf diese Düsen bezüglichen Maße und Querschnittsverhältnisse eingetragen, und ich werde mich auch später auf diese Zahlentafel zu beziehen haben. Betreffs der Stelle, an welcher die jeweilig be-

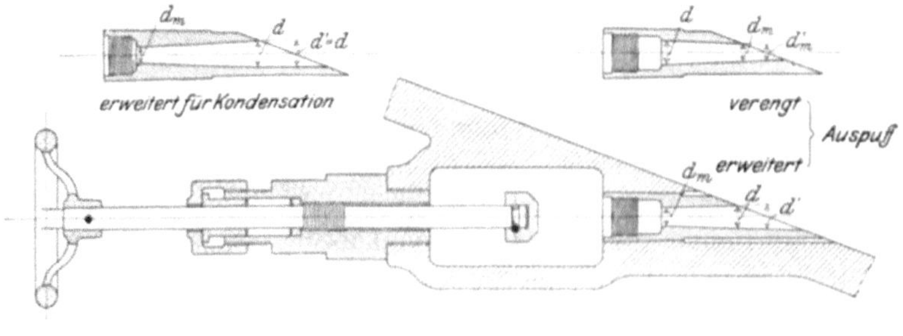

Fig. 15. Einströmdüsen.

Zahlentafel 1.

Abmessungen der Düsen (bei Zimmertemperatur).

erweiterte Düsen								verengte Düsen				
Nr.	Baustoff	d_m mm	d mm	d' mm	$\frac{d}{d_m}$	$\frac{p_1}{p}$ gesättigt	$\frac{p_1}{p}$ überhitzt	Nr.	Baustoff	d mm	d_m mm	d_m' mm
1	Rotguß	8,40	11,35	11,35	1,351	6,44	8,42	2	Rotguß	10,40	8,50	8,50
4	»	8,00	11,20	11,30	1.400	7,40	9,57	5	»	10,70	8,18	8,18
6	»	11,74	14,05	14,75	1,197	4,48	5,37	7	»	13,96	12,20	12,16
3	Stahl	8,32	10,30	11,30	1,238	5,03	6,14	2a	Stahl	10,25	8,45	8,60
8	»	8,30	10,30	11,30	1,241	5,04	6,22	3a	»	—	11,7	—
1a	»	8,30	9,40	10,00	1,133	3,62	4,30	5a	»	10,44	8,45	8,60
4a	»	8,25	9,40	10,00	1,139	3,67	4,35	7a	»	14,08	12,37	11,5
6a	»	11,67	13,68	15,43	1,172	4,12	4,96	8a	»	—	10,00	—
2b	»	7,00	11,52	11,52	1,646	11,86	16,18					
5b	»	7,05	11,54	11,54	1,637	11,68	15,86					
7b	»	6,95	11,50	11,50	1,655	12,04	16,35					

Zahlentafel 2.

Abmessungen (d_m und F_m), für die Erwärmung umgerechnet.

Für die erweiterten Düsen ist nur halbe Ausdehnung angenommen worden, da diese Düsen an der Stelle des engsten Querschnittes im Kegel festsitzen.

Für die verengten Düsen ist volle Ausdehnung angenommen worden, da sich diese Düsen an der Stelle des engsten Querschnittes frei ausdehnen können.

Ausdehnungskoeffizient für Rotguß: $\alpha = \frac{1}{541}$; für Stahl $\alpha = \frac{1}{927}$.

I. Gesättigter Dampf.

(für die Ausdehnung ist eine mittlere Temperatur $t_m = 120^0$ angenommen)

Nr.	d_m mm	F_m qm	Nr.	d_m mm	F_m qm
1	8,41	0,0000555	2	8,52	0,0000570
4	8,01	0,0000504	5	8,20	0,0000528
6	11,75	0,0001085	7	12,23	0,0001174

II. Ueberhitzter Dampf.

(für die Ausdehnung ist eine mittlere Temperatur $t_m = 300^0$ angenommen)

1	8,42	0,0000557	2	8,55	0,0000574
4	8,02	0,0000505	5	8,23	0,0000531
6	11,77	0,0001189	7	12,27	0,0001182
3	8,33	0,0000545	2a	8,48	0,0000564
8	8,31	0,0000543	3a	11,73	0,0001081
1a	8,31	0,0000543	5a	8,48	0,0000564
4a	8,26	0,0000536	7a	12,41	0,0001129
6a	11,69	0,0001073	8a	10,03	0,0000790
2b	7,01	0,0000386			
5b	7,06	0,0000392			
7b	6,96	0,0000381			

nutzten Düsen in das Dampfzuleitungsgehäuse eingesetzt waren, gibt ihre Nummer sowie die in Fig. 6 eingetragene Numerierung I bis VIII genau Aufschluß. Es sind also die Düsen, auch wenn sie durch andere — mit *a* und *b* bezeichnete — ersetzt wurden, stets nach ihrer Nummer ins Gehäuse eingebaut worden.

Zahlentafel 1 und 2 geben zunächst die Abmessungen für die verschiedenen Durchmesser in kaltem und in erwärmtem Zustande, wobei für die Sattdampfdüsen eine mittlere Temperatur von 120° C, für die Heißdampfdüsen von 300° C zugrunde gelegt worden ist, und zwar für die anfänglich benutzten Rotguß- ebenso wie für die später eingeführten Stahldüsen. Die Maße sind in Millimeter angegeben. Dabei ist auch eine Spalte für $\frac{p_1}{p}$ angegeben, welche anzeigt, für welche Druckverhältnisse die betreffenden Düsen richtig erweitert sind [1]).

Zahlentafel 3. Gesättigter Dampf.

Anzahl der Düsen	erweiterte Düsen Nr.	erweiterte Düsen ΣF_m qm	verengte Düsen Nr.	verengte Düsen ΣF_m qm
1 große Düse	6	0,0001085	7	0,0001174
2 kleine Düsen	1, 4	0,0001059	2, 5	0,0001098
3 Düsen	1, 4, 6	0,0002144	2, 5, 7	0,0002272
Ueberhitzter Dampf.				
1 große Düse.	6	0,0001089	7	0,0001182
2 kleine Düsen	3, 8	0,0001088	2, 5	0,0001105
3 Düsen	3, 8, 6	0,0002177	2, 5, 7	0,0002287
2 kleine Düsen	1a, 4a	0,0001079	2a, 5a	0,0001129
1 große Düse.	6a	0,0001073	7a	0,0001210
3 Düsen	3, 8, 6a	0,0002161	2a, 5a, 7a	0,0002339
3 »	1a, 4a, 6a	0,0002152	2a, 5a, 8a	0,0001919
3 kleine Düsen	2b, 5b, 7b	0,0001159	2a, 5a, 7a, 8a	0,0003129
2 kleine Düsen bezw. 4 Düsen	2b, 5b	0,0000778	2a, 3a, 5a, 7a	0,0003420

In Zahlentafel 3 ist für die bei verschiedener Beaufschlagung benutzten Düsenzusammenstellungen die Querschnittgröße F_m in qm unter Berücksichtigung der Ausdehnung für die Berechnung der sekundlich durch 1 qm Düsenquerschnitt (an der engsten Stelle gemessen) geströmten Dampfmenge aus der auf die Stunde bezogenen Gesamtdampfmenge G_h (vergl. die Rechnungsgrundlagen § 7) angegeben.

§ 7.
Die zur Beurteilung der Versuchsergebnisse gehörenden Beziehungen, Zahlentafeln und Diagramme.

Für die Theorie der Dampfwirkung in der de Laval-Turbine bietet als erster Zeuner [2]) ausführliche Grundlagen, denen ich mich bei den folgenden Ausführungen anschließe. Die Ableitung der Beziehungen sowie zugehörigen Zahlentafeln sind dort unter Voraussetzung trocken gesättigten Dampfes vorgenommen.

Es war nun zunächst nötig, die Rechnungsgrundlagen für den Gebrauch bei Versuchen mit überhitztem Dampf durch Einführung der Zustandsgleichung für überhitzten Dampf sowie des Wertes $\varkappa = \frac{c_p}{c_v} = 1{,}333 = {}^4/_3$ umzurechnen und ferner für den Austrittsdampf die Temperatur und das spezifische Volumen durch einen Index von den der adiabatischen Expansion entsprechenden Werten zu unterscheiden. Für letztere wurde die Beziehung t' und v' gewählt.

---

[1]) Die Düsenhöhlungen sind mittels kegeliger Reibahlen hergestellt. Es war nicht immer möglich, die Erweiterungsverhältnisse so zu erhalten wie beabsichtigt; doch sind solche Versuche, bei denen es darauf ankam, hinsichtlich ihres Druckverhältnisses nach dem Erweiterungsverhältnis eingerichtet worden.

[2]) Zeuner, »Vorlesungen über Theorie der Turbinen«, S. 265 ff. Leipzig 1899, Arthur Felix.

Ferner bezeichnet:

p_1 den absoluten Dampfdruck vor den Düsen
p_m » » » im engsten Düsenquerschnitt
p » » » im Austrittraum
t_1 und t die Dampftemperaturen
v_1 und v die Volumina für 1 kg Dampf in cbm
w_1, w_m und w die Dampfgeschwindigkeiten
H_m und H_d (H) die Strömenergie für 1 kg Dampf
G das Gewicht der in 1 sk austretenden Dampfmenge
} den Drücken p_1, p_m und p entsprechend
F_m den engsten Düsenquerschnitt in qm

	für trocken gesättigten Dampf (nach Zeuner)	für überhitzten Dampf[1]	Bemerkungen
$p_m =$	$0{,}5774\, p_1$	$0{,}5396\, p_1$	—
$w_m =$	$3{,}23 \sqrt{p_1 v_1}$	$3{,}348 \sqrt{p_1 v_1}$	p und p_1 in kg/qm
$w =$	$w_m \cdot 3{,}9768 \sqrt{1 - \left(\frac{p}{p_1}\right)^{0{,}1189}}$ [1]	$w_m \cdot 2{,}6458 \sqrt{1 - \left(\frac{p}{p_1}\right)^{0{,}25}}$	w in m/sk
$H_m =$	$\frac{\mu}{\mu+1} p_1 v_1 = 0{,}5316\, p_1 v_1$	$\frac{\varkappa}{\varkappa+1} p_1 v_1 = 0{,}5714\, p_1 v_1$	H_m in mkg
$H_d =$	$\frac{\mu}{\mu-1}(p_1 v_1 - p v) = 8{,}407\,(p_1 v_1 - p v)$	$\frac{\varkappa}{\varkappa-1}(p_1 v_1 - p v') = 4\,(p_1 v_1 - p v')$	H in mkg
$\frac{G}{F_m} =$	$1{,}99 \sqrt{\frac{p_1}{v_1}} = 152{,}59\, p_1^{0{,}9696}$	$2{,}1085 \sqrt{\frac{p_1}{v_1}}$	G in kg/sk, F_m in qm
$\frac{F}{F_m} =$	$\frac{0{,}1550}{\sqrt{\left(\frac{p}{p_1}\right)^{1{,}7621} - \left(\frac{p}{p_1}\right)^{1{,}8811}}}$	$\frac{0{,}2380}{\sqrt{\left(\frac{p}{p_1}\right)^{1{,}5} - \left(\frac{p}{p_1}\right)^{1{,}75}}}$	—
$\lg v' =$	—	$\frac{\lg p_1 + \varkappa \lg v_1 - \lg p}{\varkappa}$	—
$t' =$	—	$\frac{p v' + 192{,}5 \cdot p^{0{,}25}}{50{,}933} - 273$	—

[1]) Aus den von Zeuner angegebenen Gründen (vergl. Techn. Thermodyn. 2. Aufl. Bd. 2) habe ich dessen Zustandsgleichung beibehalten, zumal eine Vergleichsrechnung mit der Batelli-Tumlirzschen Formel bei den hier in Frage kommenden Drücken und Temperaturen für das spezifische Volumen nur ganz geringe Abweichungen ergibt; so z. B. berechnet sich für $t = 450^0$, $p_1 = 12$ kg nach Zeuner $v_1 = 0{,}2770$, nach Batelli $v_1 = 0{,}2776$. Für c_p ist vorläufig der Wert 0,48 beibehalten worden.

Zahlentafel 4a. Gesättigter Dampf.

p_1	p_m	w_m	w	H_m	H	$\frac{G}{F_m}$	$\frac{p_1}{p}$	$\frac{w}{w_m}$	$\frac{F}{F_m}$	$\frac{d}{d_m}$	$\frac{H}{H_m}$	x
1,7318	1	428,5	428,5	9263	9263	260	1,7318	1	1	1	1	0,968
2	1,155	430,3	481,5	9437	11815	299	2	1,119	1,015	1,007	1,252	0,960
3	1,732	435,6	606,4	9671	18733	443	3	1,392	1,165	1,079	1,937	0,936
4	2,310	439,5	681,2	9845	23658	585	4	1,550	1,349	1,161	2,403	0,922
5	2,887	442,4	734,4	9977	27497	727	5	1,660	1,535	1,239	2,756	0,910
6	3,465	444,9	775,0	10088	30617	867	6	1,742	1,716	1,310	3,035	0,901
7	4,042	447,0	807,3	10182	33214	1007	7	1,806	1,894	1,376	3,262	0,893
8	4,619	448,8	835,2	10265	35548	1146	8	1,861	2,069	1,438	3,463	0,886
9	5,197	450,4	858,9	10339	37603	1285	9	1,907	2,240	1,497	3,637	0,879
10	5,774	451,8	879,2	10405	39404	1423	10	1,946	2,409	1,552	3,787	0,874
11	6,352	453,1	897,6	10465	41065	1561	11	1,981	2,573	1,604	3,924	0,869
12	6,929	451,3	913,6	10521	42547	1698	12	2,011	2,736	1,654	4,044	0,864

Zahlen-
Ueberhitzter

p_1	p_m	v_1 für			für 350°			w_m für			w für		
		350°	400°	450°	t_a	v_a	x	350°	400°	450°	350°	400°	450°
1,8532	1	1,5910	1,7285	1,8659	260,9	2,5270	1	574,9	599,3	622,6	574,9	599,3	622,6
2	1,079	1,4721	1,5995	1,7268	250,9	2,4758	1	574,6	598,7	622,3	606,4	631,6	656,5
3	1,619	0,9733	1,0582	1,1431	200,1	2.2173	1	571,9	596,7	620,0	741,6	773,9	804,1
4	2,158	0,7252	0,7889	0,8526	167,5	2,0512	1	570,2	594,7	618,3	816,6	851,6	885,4
5	2,698	0,5771	0,6280	0,6789	143,6	1,9297	1	568,5	593,3	616,9	865,8	903,6	939,5
6	3,238	0,4786	0,5211	0,5635	125,0	1,8348	1	567,2	592,0	615,7	901,8	941,3	979,0
7	3,777	0,4086	0,4450	0,4813	110.0	1,7584	1	566,2	591,0	614,6	929,7	970,4	1009.2
8	4,317	0,3586	0,3880	0,4199	99,1	1,6998	0,9985	565,2	590,0	613,7	952,1	994,2	1034,1
9	4,856	0,3155	0,3438	0,3721	99,1	1,6826	0,9884	564,2	589,0	612,7	970,6	1013,1	1053,8
10	5,396	0,2831	0,3086	0,3340	99,1	1,6667	0,9791	563,2	588,3	611.9	985,9	1030,1	1071,4
11	5,936	0,2566	0,2797	0,3029	99,1	1,6537	0,9714	562,5	587,3	611,2	999,4	1043,6	1086,1
12	6 475	0,2346	0,2558	0,2770	99 1	1,6414	0,9642	561,8	586,6	610,5	1011,1	1055,9	1098,9

Die in Frage kommenden Ausdrücke folgen hier mit denjenigen für trocken gesättigten Dampf in Gegenüberstellung, wobei die jeweiligen Werte für μ und $\varkappa$ zahlenmäßig eingeführt sind.

Auf Grund der vorstehend gegebenen Beziehungen[1]), betreffend deren Ableitung für gesättigten Dampf auf Zeuner zu verweisen ist, habe ich die Zahlentafeln 4 a und b und 5 berechnet, welche für die absoluten Dampfdrücke von 1 bis 12 kg/qcm sowie für Dampftemperaturen 350, 400 und 450° die Zahlenwerte der verschiedenen Größen enthalten, und zwar für Auspuffbetrieb[2]).

Zahlentafel 5 (für jede Ueberhitzung).

$\frac{p_1}{p}$	$\frac{w}{w_m}$	$\frac{H}{H_m} = \left(\frac{w}{w_m}\right)^2$	$\frac{F}{F_m}$	$\frac{d}{d_m}$
1,8532	1	1	1	1
2	1,055	1,114	1,0029	1,001
3	1,297	1,681	1,1085	1,053
4	1,432	2,051	1,2441	1,115
5	1,523	2,319	1,3829	1,176
6	1,590	2,528	1,5188	1,232
7	1,642	2,696	1,6493	1,284
8	1,685	2,838	1,7774	1,333
9	1,720	2,959	1,9025	1,379
10	1,751	3,064	2,0238	1,423
11	1,777	3,157	2,1403	1,463
12	1.800	3,239	2,2559	1,502
15	1,855	3,441	2,587	1,608
20	1,921	3,690	3,103	1,762
30	2,002	4,008	4,032	2,008
40	2,053	4,215	4,877	2,208
60	2,117	4,482	6,410	2,532
80	2,158	4,657	7,801	2,793

[1]) Ueber die Ableitung der Beziehungen für überhitzten Dampf vergl. § 11.

[2]) Im Verlaufe der Arbeit erhielt ich Kenntnis einer von **Mollier** entworfenen graphischen Tafel, aus welcher für überhitzten Dampf bis 350° und für alle Drücke von 20 kg/qcm bis ins Kondensationsgebiet hinein außer der Erzeugungswärme die der adiabatischen Expansion entsprechenden Zahlenwerte für die hier in Frage kommenden Größen H und t mit genügender Genauigkeit abgegriffen werden können. Diese Tafel ist bis zur Temperatur 550° C erweitert und für den Gebrauch an der Technischen Hochschule vervielfältigt worden. Mit Hülfe eines logarithmischen (durchscheinenden) Maßstabes ist es auch möglich, die Endgeschwindigkeiten w abzulesen. Diese Tafel, die an anderer Stelle veröffentlicht werden soll, machte die Berechnung weiterer Zahlentafeln unnötig.

tafel 4b.
Dampf.

H_m für			H für			$\frac{G}{F_m}$ für		
350°	400°	450°	350°	400°	450°	350°	400°	450°
16846	18306	19757	16846	18306	19757	228	218	210
16826	18269	19738	18746	20352	21988	246	236	227
16670	18147	19592	28022	30505	32934	370	355	342
16571	18026	19485	33987	36971	39964	495	475	457
16473	17941	19397	38201	41605	44982	621	595	572
16397	17863	19321	41452	45158	48843	747	715	688
16340	17802	19252	44053	47994	51903	847,5	836	804
16282	17742	19196	46208	50352	54478	999	957	920
16224	17682	19134	48007	52321	56618	1126	1079	1037
16167	17640	19084	49536	54049	58473	1253	1200	1154
16127	17580	19040	50913	55500	60109	1380	1323	1271
16087	17538	18996	52106	56806	61528	1508	1444	1388

Hieran mag eine Zahlentafel 6 angeschlossen werden, welche die Veränderung der Werte für t', v', w_m, w, H_m, H, $\frac{G}{F_m}$ und die spezifischen Dampfmengen x des Dampfes beim Austritt aus der Düse zeigt, und zwar für einen Eintrittsdruck von 4 kg/qcm abs.

Um den Zuwachs an Strömenergie durch Einführung von Kondensation zu veranschaulichen, ist Zahlentafel 7 berechnet worden, die außerdem noch über die durch 1 qm Düsenquerschnitt und Sekunde bei steigender Ueberhitzung durchströmende Wärmemenge $\lambda_1 \frac{G}{F_m}$ Aufschluß gibt. Die Zusammenstellung läßt deutlich erkennen, daß die Wärmemenge bei gleichbleibendem Durchströmquerschnitt anfänglich etwas anwächst, dann jedoch abnimmt, während gleichwohl die Strömenergie fortwährend steigt. Es hat dies seinen Grund in der Abnahme der durch gleiche Querschnitte sekundlich fließenden Dampfmengen bei steigender Ueberhitzung und gleichbleibendem Druck. Demgemäß muß dann das Produkt $H \frac{G}{F_m}$ eine geringere spezifische Zunahme aufweisen, und die Versuchs-

Zahlentafel 6.
Steigende Ueberhitzung; Druck $p_1 = 4$ kg abs.

t_1	v_1	t'	v'	w_m	w	H_m	H	$\frac{G}{F_m}$	x
143	0,4624	99,1	1,5703	439,5	681,2	9845	24382	585	0,9224
150	0,4706	99,1	1,5781	459,5	658,0	10761	23794	615	0,9270
175	0,5024	99,1	1,6101	474,8	679,9	11490	24508	595	0,9458
200	0,5342	99,1	1,6408	489,6	701,1	12218	25468	577	0.9634
225	0,5661	99,1	1,6704	504,0	721.7	12947	26647	560	0,9812
250	0,5979	99,1	1,6987	517,9	741,6	13671	28029	545	0,9979
253	0,6015	99,1	1,7024	519,5	743,9	13755	28144	544	1
275	0,6297	114,5	1,7809	531,5	761,1	14398	29516	531	1
300	0,6616	132,0	1,8702	544,9	780,3	15133	31084	518	1
325	0,6934	149,8	1,9612	557,8	798,8	15858	32496	506	1
350	0,7252	167,5	2,0512	570,8	817,0	16589	33984	495	1
375	0,7571	185,2	2,1414	582,8	834,6	17312	35480	485	1
400	0,7889	202,9	2,2313	595,0	852,0	18044	36972	475	1
425	0,8207	220,6	1,3213	606,8	868,9	18767	38460	465	1
450	0,8526	238,3	2,4115	618,5	885,7	19498	39956	457	1

ergebnisse werden zeigen, daß diese Verhältnisse tatsächlich bei der de Laval-Turbine vorliegen. Auf diese Zahlentafel werde ich bei Besprechung der Versuche mit steigender Temperatur noch zurückkommen.

Im Anschluß daran gebe ich auch eine Zahlentafel 8, die bei der Erörterung des Niederdruckbetriebes zur Erläuterung dienen wird. Sie betrifft den Vergleich von Druck, Temperatur, Geschwindigkeiten, Dampfmengen und die Strömenergie für die drei Fälle:

Zahlentafel 7.

Steigende Ueberhitzung.

Anfangsdruck $p_1 = 4$ kg/qcm.							
				Enddruck $p = 1$ kg		Enddruck $p = 0,1$ kg	
Eintritt t_1	$\frac{G}{F_m}$	λ_1	$\lambda_1 \frac{G}{F_m}$	H	$H \frac{G}{F_m}$	H	$H \frac{G}{F_m}$
143	585	650	380 250	23 480	13 735 800	55 650	32 555 250
150	615	653	401 595	23 790	14 630 850	55 970	34 421 550
175	595	665	395 675	24 510	14 583 450	57 300	34 093 500
200	577	677	390 629	25 470	14 696 190	58 830	33 944 910
250	545	701	382 045	28 030	15 276 350	62 540	34 084 300
300	518	725	375 550	31 030	16 083 900	66 670	34 535 060
350	495	750	371 250	33 980	16 820 100	71 440	35 362 800
400	475	774	367 650	36 970	17 560 750	76 530	36 351 750
420	457	798	364 686	39 960	18 261 720	82 040	37 492 280
Anfangsdruck $p_1 = 7$ kg/qcm.							
164	1007	657	661 599	32 210	33 442 470	64 240	64 689 680
175	1052	662	696 424	33 390	35 126 280	64 830	68 201 160
200	1019	674	686 806	34 450	35 104 550	66 460	67 722 740
250	963	698	672 174	36 990	35 621 370	70 130	67 535 190
300	914	722	659 908	40 170	36 715 380	74 300	67 910 200
350	872	746	650 512	44 050	38 411 600	79 080	68 957 760
400	836	770	643 720	47 990	40 119 640	84 270	70 449 720
450	804	794	638 376	51 900	41 727 600	89 680	72 102 720

Zahlentafel 8.

Auspuff			Kondensation				Kondensation					
$p_1 = 7$ kg, $p = 1$ kg			$p = 0,1$ kg				$p_1 = 1$ kg					
Anfangs-temperatur t_1	verfügbare Strömenergie $H = \frac{w^2}{2g}$	Dampfmenge für 1 qm/sk $\frac{G}{F_m}$	Anfangsdruck für gleiche Strömenergie u. Anfangstemperatur wie bei Auspuff u. $p_1 = 7$ kg p_1	Endtemperatur t_1	Dampfmenge $\frac{G'}{F_m}$	$\frac{G}{G'}$	Enddruck für gleiche Strömenergie u. Anfangstemperatur wie bei Auspuff u. $p_1 = 7$ kg p	Endtemperatur t'	Dampfmenge für 1 qm/sk $\frac{G''}{F_m}$	$\frac{G}{G''}$	w	$H \frac{G}{F_m}$
164	33 210	1007	0,75	46	111	9,07	0,137	52	148	6,80	807	4 915 080
175	33 390	1052	0,73	46	106	9,92	0,140	52	146	7,21	809	4 874 940
200	34 450	1019	0,70	46	99	10,29	0,146	53	142	7,18	822	4 891 900
250	36 990	963	0,65	54	87	11,07	0,156	54	134	7,19	852	4 956 660
300	40 170	914	0,62	90	79	11,57	0,162	67	128	7,14	888	5 141 760
350	44 050	872	0,62	121	75	11,63	0,162	119	122	7,15	930	5 374 100
400	47 990	836	0,63	150	74	11,30	0,161	149	117	7,15	970	5 614 830
450	51 900	804	0,63	183	71	11,32	0,160	181	113	7,12	1009	5 864 700
500	55 760	775	0,63	214	68	11,40	0,160	212	109	7,11	1046	6 077 840
550	59 750	748	0,63	246	66	11,33	0,160	243	105	7,12	1083	6 273 750
600	63 600	726	0,64	278	65	11,17	0,160	273	102	7,12	1117	6 487 200

1) $p_1 = 7$ kg, $p = 1$ kg;

2) $p = 0{,}1$ kg, p_1 für gleiche Strömenergie wie bei 1;

3) $p_1 = 1$ kg, p für gleiche Strömenergie wie bei 1; und zwar für Steigen der Ueberhitzung bis 600°. Dabei bleiben also die Ausströmgeschwindigkeiten w und ebenso die Strömenergie $H = \frac{w^2}{2g}$ für jede Dampftemperatur die gleichen, während sich die Werte $H \frac{G}{F_m}$ für alle drei Fälle ändern, was für die Abmessungen der Düsenquerschnitte beim Niederdruckbetrieb wichtig ist, die insbesondre nach den Verhältnissen $\frac{G}{G'}$ und $\frac{G}{G''}$ zu bestimmen sind. Beispielsweise müßte man, um bei 600° im Falle 3 die gleiche Strömenergie auf das Turbinenrad zu leiten wie im Falle 1, wo die Druckverhältnisse 7 : 1 und 1 : 0,16 vorliegen, im Falle 3 die Querschnittfläche der Düsen 7,12 mal so groß machen wie im Falle 1. Hierauf wird noch zurückzukommen sein.

An die vorstehenden Zahlentafeln sollen einige graphische Darstellungen angeschlossen werden, welche die hier in Frage kommenden Beziehungen betreffen.

Die Diagramme 1 bis 5 stellen zum Teil die theoretischen Beziehungen dar die in den vorhergehenden Zahlentafeln enthalten sind, wobei die Verhältnisse für trocken gesättigten Dampf vergleichsweise mit berücksichtigt sind. Die Bezeichnungen sind nach den bisherigen Angaben verständlich. Zu bemerken ist, daß H_d dieselbe Bedeutung hat wie H, indem durch den Index d lediglich angedeutet werden soll, daß die verfügbare Strömenergie gemeint ist. Die theoretische Austrittstemperatur, die ich oben mit t' bezeichnet habe, ist in den Diagrammen durch t_a ausgedrückt.

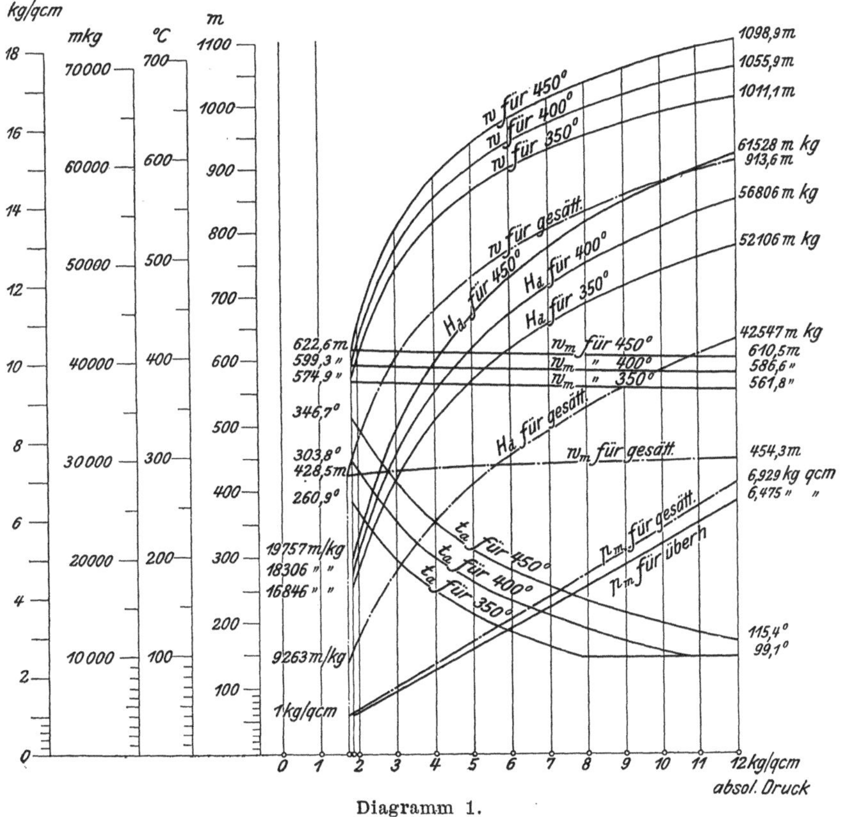

Diagramm 1.

Zu den einzelnen Diagrammen bemerke ich noch folgendes:

Diagramm 1 zeigt die Größen p_m, w_m, w, H_d, t_a für die Ausströmung ins Freie bei Eintrittsdrücken von 1 bis 12 kg/qcm, und zwar für gesättigten sowie ür überhitzten Dampf von 350, 400 und 450°[1]).

Diagramm 2 betrifft die Verhältnisse $G : F_m$; $w : w_m$; $d : d_m$ und x für die gleichen Druck- und Temperaturverhältnisse im Vergleich mit gesättigtem Dampf[2])

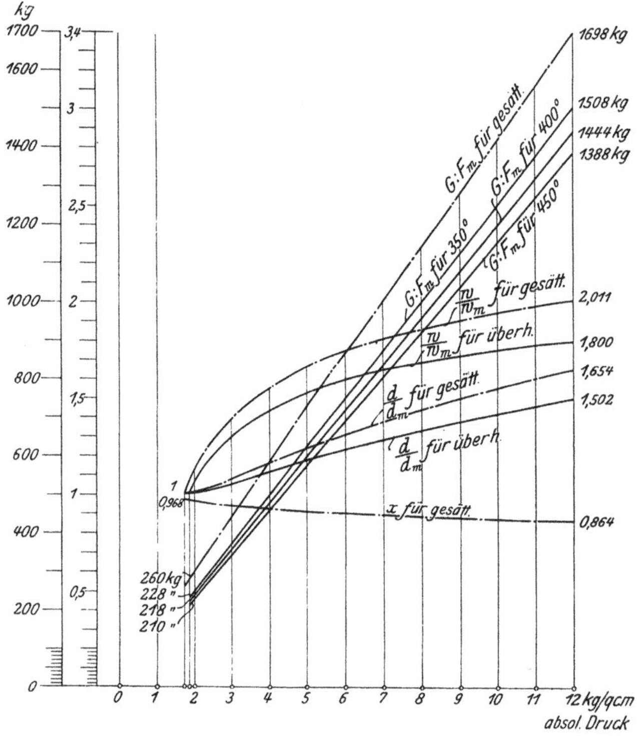

Diagramm 2.

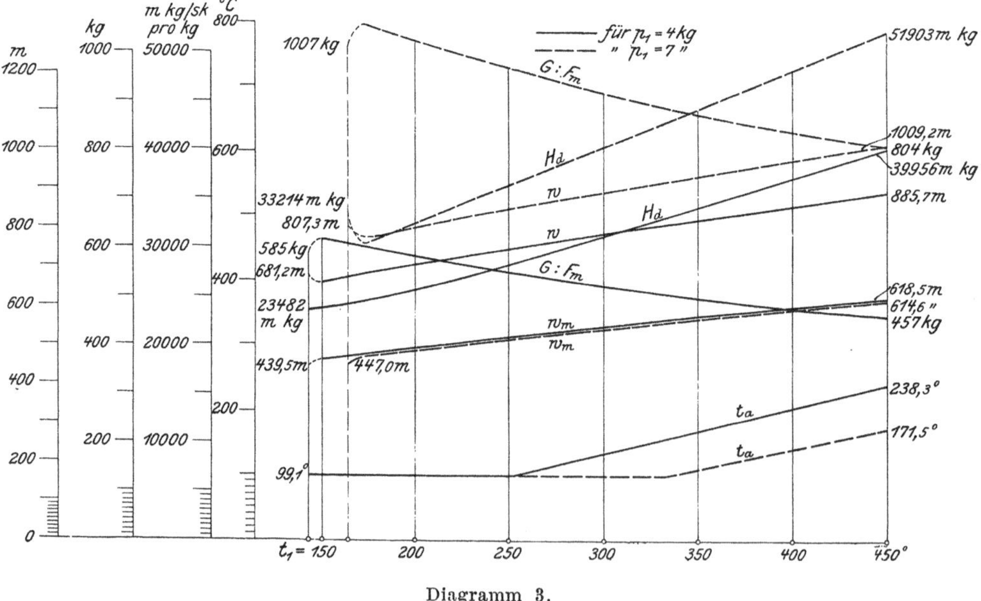

Diagramm 3.

[1]) Vergl. Zahlentafel 4 a und 4 b.

[2]) Vergl. Zahlentafel 5.

Diagramm 3 gibt die Beziehungen für w_m, w, H_d, $\frac{G}{F_m}$ sowie t_a wieder für steigende Ueberhitzung bei 4 und 7 kg/qcm abs. Eintrittspannung[1]).

In Diagramm 4 sind die Werte für $H_d \frac{G}{F_m}$, sowie $\lambda_1 \frac{G}{F_m}$ für zunehmende Ueberhitzung bei 4 und 7 kg/qcm abs. Eintrittsdruck und Auspuff bezw. Kondensation dargestellt[2]). Die auffälligen, durch Strichelung gekennzeichneten

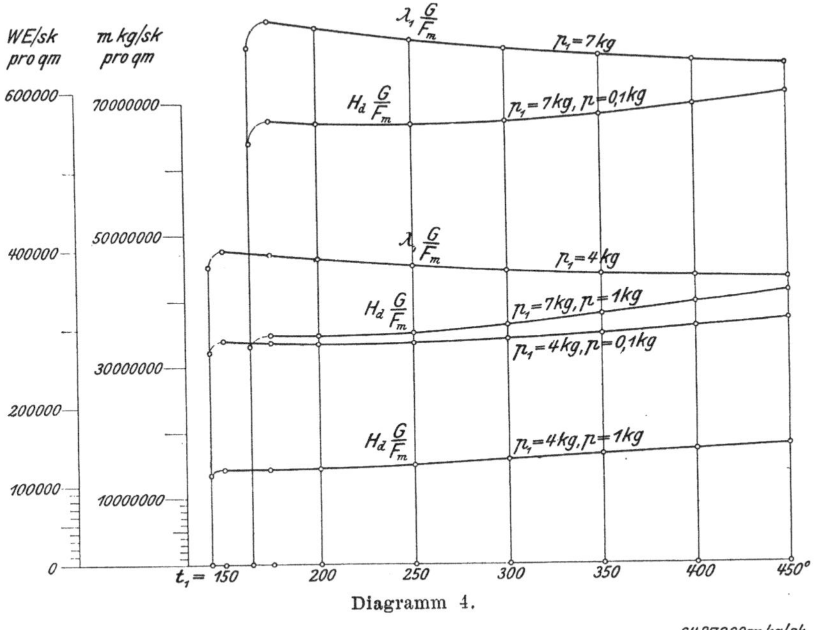

Diagramm 4.

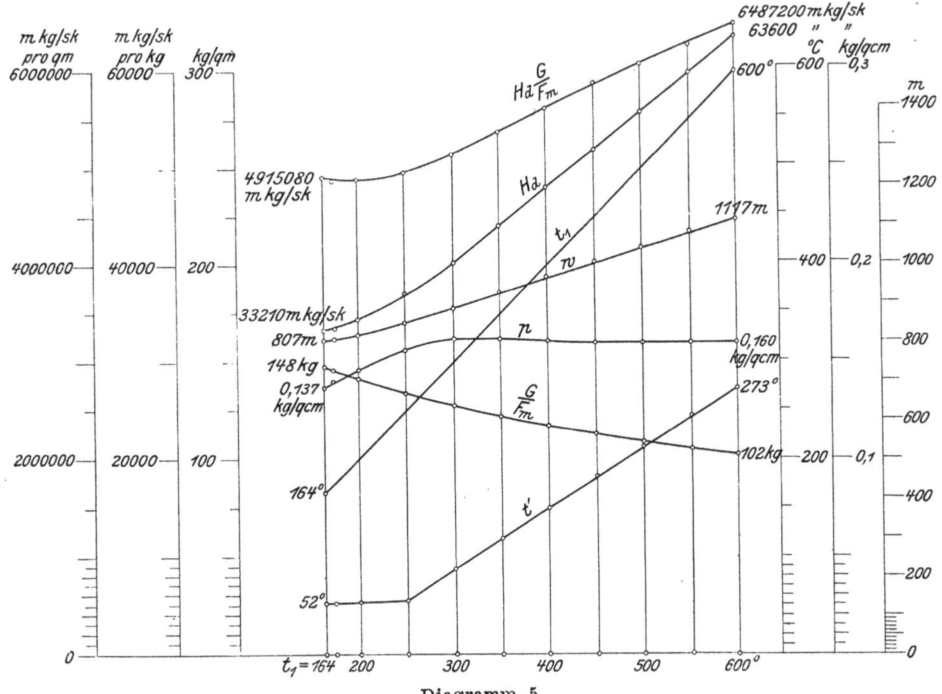

Diagramm 5.

[1]) Vergl. Zahlentafel 6 und 7.

[2]) Vergl. Zahlentafel 7.

Kurvenäste an den Stellen des Uebergangs vom Sättigungs- ins Ueberhitzungsgebiet erklären sich einfach durch die Verschiedenheit der Werte μ und $\varkappa$ bei beiden Dampfzuständen. Es ist auch durch die Versuche bestätigt, daß hier auf dem Grenzgebiet der Zahlenwert von $\varkappa$ nicht plötzlich von 1,135 auf 1,333 springen kann, sondern ein allmählicher Uebergang angenommen werden muß.

Diagramm 5 endlich bezieht sich auf die in Zahlentafel 8 enthaltenen Größen, indem hier für gleichbleibende Strömenergie die Werte von w, H_d, $G:F_m$, $H_d \frac{G}{F_m}$ und t' aufgetragen sind, unter der Annahme, daß einmal der Anfangsdruck 7, der Gegendruck 1 kg/qcm, das andere Mal der Anfangsdruck 1 kg/qcm betrage, wozu sich dann der Enddruck (Kondensatordruck) rechnerisch ergibt oder aus dem bereits erwähnten Mollierschen Diagramm entnehmen läßt. Der so gefundene Gegendruck p ist ebenfalls im Diagramm 5 mit aufgenommen; er steigt anfänglich und fällt von 300° Ueberhitzungstemperatur wieder ab.

An diese Uebersicht der für die Beurteilung der Versuche notwendigen Zahlentafeln und Diagramme anschließend, soll eine kurze Darstellung der zur Ermittlung der verschiedenen Wirkungsgrade der Turbine benutzten Beziehungen gegeben werden.

§ 8.

Die Rechnungsgrundlagen zur Ermittlung der Wirkungsgrade.

Da wir es bei der de Laval-Turbine mit einer Freistrahlturbine zu tun haben, bei welcher der Dampf völlig auf den Gegendruck entspannt wird und mit der der adiabatischen Expansion entsprechenden Endtemperatur an die Radschaufeln gelangt[1]), so hat man, sobald es sich um überhitzten Dampf handelt, ein Mittel an der Hand, die wirklich an das Rad abgegebene Energie auf dem Wege des Versuches zu ermitteln. Dieses Mittel ist durch die meßbare Austrittstemperatur des Dampfes gegeben, solange sie über der Sättigungstemperatur bleibt[2]).

Läßt man nämlich einen freien Dampfstrahl mit der der adiabatischen Expansion entsprechenden Endtemperatur t' unter Arbeitsleistung sich verzögern, so darf seine Temperatur nicht wieder steigen, und er hätte dann die ganze ihm innewohnende kinetische Energie abgegeben, wenn er bei der Temperatur t' die Geschwindigkeit 0 angenommen hätte, d. h. zum Stillstand gekommen wäre, was natürlich nicht möglich ist. Es muß vielmehr gerade wie bei den Wasserturbinen noch eine Abströmgeschwindigkeit übrig bleiben, womit natürlich ein (unvermeidlicher) Verlust, der sogenannte Austrittverlust, verbunden ist. Bemerken wir nun aber, daß der adiabatisch auf den Gegendruck expandierte Dampf bei seinem Austritt aus der Turbine eine höhere Temperatur als t' besitzt, so haben wir sofort ein Mittel, um den in Arbeit umgesetzten Teil der Strömenergie

---

1) Im Anhang werden noch verschiedene Versuche und Beobachtungen mitzuteilen sein, welche dieser Anschauung, die von de Laval und Zeuner vertreten wird, mit ziemlich großer Wahrscheinlichkeit recht geben, während bekanntlich Fliegner auf Grund seiner Druckmessungsversuche bei Luftstrahlen annimmt, daß der Strahl noch mit Ueberdruck aus der de Laval-Düse tritt. Für gesättigten Dampf kann aus naheliegenden Gründen (es ist nicht möglich, die Feuchtigkeit des Austrittsdampfes zu messen) eine Berechnung der an das Rad abgegebenen (indizierten) Leistung nur unter der Voraussetzung stoßfreien Eintritts erfolgen, was freilich für die Praxis nicht zutrifft, da bei der großen Dampfgeschwindigkeit die nötige Radgeschwindigkeit (für einstufige Turbinen) nicht erreicht werden kann.

2) Die folgende Betrachtung setzt voraus, daß der Dampf am Ende der adiabatischen Expansion noch überhitzt ist, was bei den vorliegenden Versuchen mit sehr hoher Ueberhitzung stets der Fall war. Die bei Expansion ins Naßdampfgebiet sehr umständliche Rechnung kann umgangen werden durch Benutzung des Mollierschen Diagramms der Erzeugungswärme,

zu bestimmen. Dabei wird auch der Stoßverlust beim Eintritt in die Schaufelung mit berücksichtigt, welcher sich einfach durch Wiedererwärmen des Dampfes bemerkbar macht. Das Gleiche gilt von dem Austrittverlust, der sich ebenfalls in Wärme umsetzt, indem der noch mit großer Geschwindigkeit das Rad verlassende Dampf sich durch Stoß gegen die Gehäusewand und durch Annahme der verhältnismäßig geringen Austrittgeschwindigkeit (im weiten Austrittstutzen, wo auch die Temperaturmessung stattfindet) wieder erhitzt. Ist das Gehäuse gut isoliert, so wird der Abkühlungsverlust nach außen sehr gering sein, und wir haben dann unter Vernachlässigung dieses Verlustes folgende einfache Rechnung, um die »indizierte« Leistung der Turbine, d. h. den Teil H_i der Strömenergie H zu bestimmen, welcher an das Rad abgegeben wurde. Er beträgt für 1 kg Arbeitsdampf, wenn t die gemessene Austrittstemperatur, w_a die beim Drucke p bestimmte Ausströmgeschwindigkeit (im Austrittstutzen) bedeutet,

$$H_i = H - (t - t')\, c_p \frac{1}{A} - \frac{w_a^2}{2g} \quad \ldots\ldots \quad (1),$$

oder unter Vernachlässigung des verhältnismäßig sehr kleinen Betrages von w_a[1]) einfacher

$$H_i = H - \frac{(t-t')\, c_p}{A} \quad \ldots\ldots \quad (1a),$$

wofür man auch schreiben kann

$$H_i = \frac{\varkappa}{\varkappa - 1}\,(p_1 v_1 - p v) \quad \ldots\ldots \quad (1b),$$

wenn man v aus t ermittelt.

Daran schließen sich unmittelbar die folgenden Ausdrücke:

Es ist die im strömenden Dampf verfügbare Leistung in PS für G_h kg Dampf stündlich

$$N_d = \frac{H\, G_h}{75 \cdot 3600} \quad \ldots\ldots \quad (2)$$

sowie die »indizierte« Leistung

$$N_i = \frac{H_i\, G_h}{75 \cdot 3600} \quad \ldots\ldots \quad (2a).$$

Es soll sofort ein auf den Versuchsdaten beruhendes Zahlenbeispiel hier angeschlossen werden. Ich wähle einen Auspuffversuch vom 3. April 1901, bei welchem die höchste Ueberhitzung und die stärkste Belastung der Turbine vorlagen. Es war hierbei $t = 343^0$, während sich t' zu 206^0 ermittelt. Da an der Turbine ein Dampfdruck von 6,98 kg/qcm abs. herrschte, so ergibt sich unter Vernachlässigung der verhältnismäßig geringen Geschwindigkeiten des Dampfes im Zu- und Abführrohr (die einer Drucksteigerung von etwa 0,01 kg/qcm entsprachen) eine verfügbare Strömenergie $H = 55\,100$ mkg. Somit wird, da die Abströmgeschwindigkeit etwa 50 m betrug, nach Gl. (1a)

$$H_i = 55\,100 - (343 - 206) \cdot 0{,}48 \cdot 424 = 27\,218 \text{ mkg/sk.}$$

Dieser Betrag von H_i ist um denjenigen Teil zu hoch, welcher dem Abkühlungsverlust entspricht. Da die Bremsarbeit sowie die Leerlaufarbeit der Turbine versuchsmäßig festgestellt worden ist, so könnte man die »indizierte« Leistung auch aus den Versuchen ableiten, wenn noch die durch die Zahnreibung des Vorgeleges verursachte Zusatzarbeit bekannt wäre. Sie konnte jedoch nur durch Rechnung annähernd ermittelt werden. Danach erhält man für

[1]) Die Dampfgeschwindigkeit w_0 vor der Düse ist hier ebenfalls vernachlässigt worden, da ihr Quadrat im Verhältnis zu demjenigen von w sehr klein ist.

den vorliegenden Fall, wo die stündliche Dampfverbrauchsmenge 597 kg betrug, eine »indizierte« Leistung nach Gl. (2a) von

$$N_i = \text{rd. } 60 \text{ PS.}$$

Aus der Bremsleistung $N_e = 52$ PS, der gemessenen Leerlaufarbeit (rd. 3 PS) sowie der Zusatzarbeit (gerechnet zu 1 PS) ergibt sich für N_i der Wert 56 PS, mithin ein Unterschied von $N' = 4$ PS. Drückt man diese 4 PS in WE aus, so ergibt sich für den Abkühlungsverlust des Radgehäuses

$$Q_v = \frac{4 \cdot 75}{424} = 0{,}71 \text{ WE/sk.}$$

Da nun die in Frage kommende Abkühlungsfläche rd. 1 qm beträgt, so ergibt sich für einen mittleren Temperaturunterschied zwischen Gehäuseinnerm und Außenluft von rd. 300° ein Wärmedurchgang von $\frac{0{,}71 \cdot 3600}{300 \cdot 1} = 8{,}5$ WE/st für 1 qm, was zwar etwas hoch erscheint, aber immerhin bei der nur aus gewöhnlicher Kieselguhrmasse ohne Luftschicht hergestellten Isolierung des Gehäuses glaubwürdig ist[1]). Man kann jedenfalls den hier angezogenen Versuch mit als Beweis für die Richtigkeit der de Lavalschen Annahme erblicken, daß nämlich die auf Grund der Zustandsgleichung und unter Voraussetzung adiabatischer Expansion erweiterte Düse tatsächlich dem Dampf die möglichst hohe Geschwindigkeit erteilt. Um die aufgestellte Formel für die »indizierte« Leistung den praktischen Versuchsergebnissen anzupassen, müßte noch eine die Wärmeverluste des Gehäuses betreffende Berichtigung angebracht werden. Diese berichtigte Formel lautet:

$$H_i' = H - \frac{1}{A}\left[(t - t')\, c_p + k\,(t - t_0)\right]^{2)} \quad . \; . \; . \; . \; . \quad (1\text{b})$$

und entsprechend die Gleichung für N_i

$$N_i = \frac{G_h H_i'}{75 \cdot 3600} \quad . \; . \; . \; . \; . \; . \; . \; . \; . \; . \quad (2\text{b}).$$

Diese Ausdrücke geben mit $k = \frac{75 \cdot 3600\, N'}{424\, G_h\,(t - t_0)} = 0{,}014$ WE und $t_0 = 30^0$ die Versuchswerte wieder. Damit sind die Werte für N_i gemeint, welche sich aus der Addition von N_e, N_l (gemessen) und N_z (zusätzliche Zahn- und Zapfenreibung, gerechnet) ergeben. In den Zahlentafeln ist bei N_i' die Berichtigung durch Abkühlung noch nicht berücksichtigt, daher die Abweichung von N_i. Im allgemeinen muß darauf hingewiesen werden, daß man in der Praxis aus begreiflichen Gründen bei Dampfturbinen stets den Dampfverbrauch auf die Bremsleistung bezogen angibt, eben weil eine dem Indizieren der Kolbenmaschinen entsprechende Messung der indizierten Leistung nicht möglich ist.

Bei Besprechung der vergleichenden Bremsversuche bei halber und ganzer Beaufschlagung wird noch der Weg gezeigt werden, auf dem man zur Ermittlung der »indizierten« Leistung bei der Turbine gelangen kann. (S. Anhang unter 2 S. 92.)

[1]) Dabei kommt noch in Betracht, daß die Zahnreibungsarbeit möglicherweise etwas größer gewesen ist als 1 PS. Im Anhang wird noch darauf zurückzukommen sein, wie sich die Verhältnisse gestalten, wenn die Düse für das vorliegende Druckverhältnis zu wenig erweitert ist, was tatsächlich bei dem Versuch vorlag.

[2]) Darin bedeutet t_0 die Außentemperatur an der Turbine (rd. 30° C), k den sekundlichen Wärmeverlust des Radgehäuses (rd. 1 qm Oberfläche) bezogen auf 1 kg Dampf und 1° Temperaturunterschied. Für die vorliegenden Versuche ergab sich k zu 0,014 WE.

Den Quotient $\frac{H_i}{H}$ bezw. $\frac{H_i'}{H}$ können wir nun mit η_i bezw. η_i' bezeichnen; er gibt also den Prozentsatz, der von der verfügbaren Strömenergie an das Turbinenrad abgegeben wird, und kann mit Bezug auf die Kolbendampfmaschine »indizierter« oder entsprechend der Wasserturbine auch »hydraulischer« Wirkungsgrad genannt werden. Für η_i bezw. η_i' ergeben sich aus den Beziehungen für H, H_i und H_i' die Ausdrücke:

$$\eta_i = \frac{1 - \frac{pv}{p_1 v_1}}{1 - \frac{pv'}{p_1 v_1}} = 1 - \frac{c_p}{AH}(t - t') \quad \ldots \ldots \quad (3)$$

$$\eta_i' = 1 - \frac{1}{AH}\left[(t - t')c_p + k(t - t_0)\right] \quad \ldots \ldots \quad (3\,\mathrm{a}).$$

Das Verhältnis zwischen N_e und N_i' bezeichnen wir wie gewöhnlich als »mechanischen« Wirkungsgrad η_m. Zur Beurteilung des Dampfverbrauchs ist nun bei Anwendung des überhitzten Dampfes stets der Wärmeinhalt des verwendeten Dampfes, der bei gleichbleibendem Dampfdruck je nach dem Ueberhitzungsgrad wechselt, zu berücksichtigen. Die Praxis gibt meistens nur den Dampfverbrauch in kg/PS-st an, ohne dabei auf den durch Ueberhitzung bedingten höheren Wärmeaufwand Rücksicht zu nehmen. Um dies zu tun, kann man zwei Wege einschlagen: Entweder man rechnet den gemessenen Dampfverbrauch auf trocken gesättigten Dampf von gleicher Spannung um oder auf sogenannten Normaldampf (von 1 kg/qcm absoluter Spannung), wie Mollier[1]) vorgeschlagen hat, oder man gibt unmittelbar den gesamten Wärmeverbrauch pro PS-st an, wie er sich aus dem gemessenen Dampfdruck bei der jeweilig vorliegenden Ueberhitzung bestimmt. Letzterer Weg wird von Zeuner und L. Lewicki empfohlen und ist auch bei Mitteilung von Versuchen an Heißdampfanlagen schon wiederholt angewandt worden. Ich habe im vorliegenden Falle auch den letzteren Weg eingeschlagen, weil sich auf ihm die Verhältnisse bei der Frage der Wiedergewinnung der Abdampfwärme sowie bei der Erörterung der theoretischen Wirkungsgrade einfacher darstellen lassen. Auch die Benutzung des schon genannten neuen Mollierschen Diagramms der Gesamtwärme für überhitzten Dampf spricht für den eingeschlagenen Weg. Daneben sind in den Zahlentafeln und ebenso in den Diagrammen die Dampfverbrauchzahlen zum Vergleich mit angeführt.

Was die thermischen Wirkungsgrade anlangt, so sind hier, wie auch bei den übrigen Wärmekraftmaschinen verschiedene Arten zu unterscheiden.

Sieht man von der Kesselanlage, also vom Brennstoff, ab und bezieht die in Leistung umgesetzte Wärme nur auf die im Dampf bei seinem Eintritt in die Turbine enthaltene Gesamtwärme, so lassen sich folgende thermische Wirkungsgrade unterscheiden:

Das Verhältnis der pro Gewichteinheit Dampf in verfügbare Strömenergie umgesetzten Wärmemenge zu der Gesamtwärme λ_1, welches mit η_{td} bezeichnet werden möge, ist ausgedrückt durch die Gleichung

$$\eta_{td} = \frac{AH}{\lambda_1} = \frac{Aw^2}{2g\lambda_1} \quad \ldots \ldots \ldots \quad (4)$$

und mithin ist

[1]) Vergl. **Mollier**, Zeitschrift des Vereines deutscher Ingenieure 1898 S. 685 u. f.

$$H = \eta_{td} \frac{\lambda_1}{A}.$$

Der Wert von η_{td} ergibt sich nun für das jeweilige Druckverhältnis und die jeweilige Ueberhitzung aus den Beziehungen für die adiabatische Expansion; ein größerer Betrag von λ_1 kann überhaupt nicht in Strömenergie umgesetzt werden; z. B. Druckverhältnis $\frac{p_1}{p} = 7$, $t_1 = 500$ (Versuch vom 3. April 1901), $w = \infty\ 1000$, $\lambda_1 = 817$; mithin

$$\eta_{td} = \frac{55\,100}{424 \cdot 817} = 0{,}14 \text{ oder } 14 \text{ vH.}$$

Es können also hierbei nur 14 vH der Gesamtwärme in Strömenergie umgesetzt werden[1]). Auf die »indizierte« und auf die effektive (Brems-) Leistung bezogen ist der Wirkungsgrad η_{td} noch mit η_i und η_m zu multiplizieren, so daß man den thermischen Wirkungsgrad η_{ti} und η_{te} schreiben kann:

$$\eta_{ti} = \eta_{td}\eta_i \quad \text{(4)}$$

und

$$\eta_{te} = \eta_{td}\eta_i\eta_m \quad \text{(4a).}$$

Für den Fall, daß der Abdampf noch überhitzt ist, kann man den thermischen Wirkungsgrad, bezogen auf die dem Brennstoff zu entnehmende Wärme, verbessern, indem man die Abdampfwärme bis zu der dem Sättigungszustande (Grenzkurve) entsprechenden Temperatur für den Arbeitsdampf durch Dampferzeugung oder Vorwärmung auf Kesseltemperatur wieder nutzbar macht (Regenerierung)[2]). Dann erhält man für den thermischen Wirkungsgrad folgende Ausdrücke: Es wird einfach

$$\eta_{ter} = \frac{A H \eta_i \eta_m}{\lambda_1 - (t - t_g) c_p} \quad \text{(5),}$$

worin t die gemessene Antrittstemperatur, t_g die dem Austrittsdruck entsprechende Sättigungstemperatur bedeutet. Das bereits angezogene Beispiel ergibt für

η_{te} den Wert 0,0678, für η_{ter} dagegen 0,0791.

Eine andere Form dieses durch Gl. (5) ausgedrückten auf die »Regenerierung« bezogenen thermischen Wirkungsgrades η_{ter} ist folgende:

Geht man davon aus, daß theoretisch 637 WE 1 PS während 1 st leisten, und beträgt G_h die stündliche Dampfmenge, so wird bei einer Bremsleistung N_e der thermische Wirkungsgrad

$$\eta_{te} = \frac{637\, N_e}{G_h \lambda_1} \quad \text{(4b)}$$

und

$$\eta_{ter} = \frac{637\, N_e}{G_h[\lambda_1 - (t - t_g)\, c_p]} \quad \text{(5a).}$$

---

[1]) Daß hierbei, selbst wenn die Strömenergie H in der Turbine voll ausgenutzt würde, der Abdampf noch mit höherer Temperatur als der im Kessel vorhandenen austritt, kommt hier nicht in Betracht; hat aber, wie später zu erörtern sein wird, für die Ausnutzung des Brennstoffes eine gewisse Bedeutung.

[2]) Bei Besprechung der Radwiderstände in verschieden hoch überhitztem Dampf wird Gelegenheit sein zu zeigen, daß es keineswegs, wie von mancher Seite eingewandt wird, ohne Vorteil ist, so hoch zu überhitzen, daß der Abdampf noch erheblich überhitzt bleibt.

Die gewöhnliche Vorwärmung von Lufttemperatur auf Sättigungstemperatur des Austrittsdampfes wird hier zunächst nicht berücksichtigt, da sie auch bei Sattdampfbetrieb anwendbar ist.

Hieran soll nun auch noch der für die Praxis wichtigste thermische Wirkungsgrad angeschlossen werden, welcher im besten Falle, d. h. bei vollkommener Wärmerückführung (Regenerierung) und gleichzeitiger Vorwärmung des Speisewassers auf Sättigungstemperatur durch den Abdampf erreichbar ist. Dann erhält man für 5 bezw. 5a die Ausdrücke

$$\eta'_{ter} = \frac{A H r_i \eta_m}{\lambda_1 - (t - t_g) c_p - q_g} = \frac{637 \, N_e}{G_h [\lambda_1 - (t - t_g) c_p - q_g]} \quad . \quad . \quad . \quad . \quad (6),$$

worin q_g die Flüssigkeitswärme beim Austrittsdruck bedeutet. Berüchsichtigt man in dem Nenner von Gl. (6) die Beziehung

$$\lambda_1 - (t - t_g) c_p - q_g = A H_i + r^1),$$

so ergibt sich die einfachste Form der Gleichung (6)

$$\eta'_{ter} = \frac{A H_i \eta_m}{A H_i + r} = \frac{637 \, N_e}{G_h (A H_i + r)} \quad . \quad . \quad . \quad . \quad . \quad . \quad . \quad . \quad (6a),$$

wobei der erste Ausdruck sich noch kürzen läßt und lautet

$$\eta'_{ter} = \frac{\eta_m}{1 + \frac{r}{A H_i}} \quad . \quad . \quad . \quad . \quad . \quad . \quad . \quad . \quad . \quad . \quad . \quad (6b).$$

Diese letzte Formel (6b) gibt am einfachsten den thermischen Wirkungsgrad, sobald H_i bekannt ist. Für die praktische Ermittlung dagegen ist die Formel (6) am geeignetsten, da hier alle Werte unmittelbar aus den Beobachtungen zu entnehmen sind.

Um den »wirtschaftlichen« Wärmewirkungsgrad unter Berücksichtigung der Kesselanlage sowie des Rohrleitungsverlustes zu erhalten, hat man noch den Wirkungsgrad η_k der Kesselanlage einschließlich Ueberhitzers sowie denjenigen der Leitung[2]) η_l einzuführen. Danach wird der wirtschaftliche Wärmewirkungsgrad, bezogen auf die Brennstoffwärme, unter Voraussetzung vollkommener Wärmeregenerierung und Vorwärmung bezw. Speisung mit Kondensat:

$$\eta_w = \frac{\eta_m \eta_k \eta_l}{1 + \frac{r}{A H_i}} = \frac{637 \, N_e \eta_k \eta_l}{G_h [\lambda_1 - (t - t_g) c_p - q_g]} \quad . \quad . \quad . \quad . \quad . \quad . \quad . \quad (7).$$

Es müßte daher, wenn die Regenerierung vollkommen wäre und kein Abkühlungsverlust der Turbine vorläge, noch die folgende Beziehung bestehen: Ist B der in 1 st aufgewendete Brennstoff vom Heizwert H_c, so muß auch sein:

$$\eta_w = \frac{637 \, N_e}{B H_c} \quad . \quad . \quad . \quad . \quad . \quad . \quad . \quad . \quad . \quad . \quad . \quad (8).$$

Aus Gl. (7) und (8), sofern sie verschiedene Werte ergeben, findet man nun noch den Prozentsatz an Wärme, welcher durch Ausstrahlung des Turbinengehäuses sowie durch etwa unvollkommene Regenerierung oder Vorwärmung verloren geht; er wird durch den Quotient bestimmt:

---

[1]) $r = \varrho + A p u$ (für den Gegendruck p).

[2]) Der Leitungswirkungsgrad ergibt sich für überhitzten Dampf einfach aus den Dampftemperaturen sowie Dampfdrücken am Anfang und Ende der Leitung, wobei hervorgehoben werden muß, daß der Druckverlust bei Heißdampfleitungen, solange keine Kondensation stattfindet, so gut wie gänzlich fortfällt.

$$\frac{\dfrac{637\,N_e}{B\,H_c}}{\dfrac{637\,N_e\,\eta_k\,\eta_l}{G_h\,[\lambda_1-(t-t_g)\,c_p-q_g]}}=\frac{G_h}{B\,H_c}\,\frac{A\,H_i+r}{\eta_k\,\eta_l}.$$

Hieraus kann übrigens der Ausstrahlungsverlust des Turbinengehäuses noch entfernt werden, wenn man den Ausdruck für H_i' nach Gl. (1 b) an Stelle von H_i berücksichtigt.

Die Ableitung der vorstehend gegebenen Beziehungen hat den Zweck, bei der später zu besprechenden Betriebsweise mit Niederdruck-Heißdampf die Wärmeausnutzung der ganzen Anlage beurteilen zu können.

Im nächsten Abschnitt soll zur Berichterstattung über die verschiedenen Versuchsreihen geschritten werden, welche an der genannten 30 pferdigen de Laval-Turbine vorgenommen worden sind.

§ 9.

Die Versuchsergebnisse.

Die Ergebnisse der Versuche sind in den folgenden Zahlentafeln 9 bis 30 und in den Diagrammen 6 bis 26 enthalten.

Zahlentafel 9.

Druckmessungen mit Dampfstrahlen

bei verschiedenen Düsen, verschiedenem Dampfdruck und verschiedener Temperatur.

Konvergente Düse, $d_m = 6{,}02$ mm kalt, $6{,}03$ mm warm; $F_m = 28{,}56$ qmm, Barometerstand $b = 746{,}7$ mm Quecksilbersäule, Luftdruck $p_b = 1{,}015$ kg, Ueberdruck vor der Turbine $p_u = 5{,}95$ kg, $p_1 = 6{,}965$ kg.

Nr. des Versuches	Belastung der Wage	Abstand der Platte a vom Düsenende	Dampftemperatur t_1 vor der Düse	Druck P des Strahles	Dampfmenge G in der sk	Dampfgeschwindigkeit w beobachtet	Dampfgeschwindigkeit w berechnet	Abweichung zwischen Beobachtung und Berechnung	
	g	mm	°C	kg[1])	kg	m	m	m	in vH
1	1860	25	205	2,160	0,02821	751	821	30	3,7
2	1820	11	220	2,114	0,02772	748	830	82	9,8
3	1760	5	222	2,044	0,02766	725	831	106	12,8
4	1840	17	223	2,137	0,02763	758	831	73	8,8
5	1800	15	224	2,125	0,02758	756	832	76	9,1
6	1845	20	226	2,143	0,02754	766	833	67	8,0
7	1850	25	227	2,149	0,02750	767	834	67	8,0
8	1850	30	227	2,149	0,02750	767	834	67	8,8
9	1860	40	227,5	2,160	0,02748	771	834	63	7,6
10	1860	34,5	228	2,160	0,02746	772	834	62	7,4
11	1860	45	229	2,160	0,02744	772	835	65	7,5
12	1860	51	230	2,160	0,02740	773	835	62	7,4
13	1880	60	232	2,183	0,02735	783	836	53	6,3
14	1920	75	232	2,230	0,02735	800	836	36	4,3
15	1920	75	220	2,230	0,02772	789	830	41	4,9
16	1945	84	228,5	2,259	0,02746	807	835	28	3,4
17	1950	95	231	2,265	0,02748	809	836	27	3,2
18	1945	104	231	2,259	0,02748	807	836	29	3,5
19	1945	114	232	2,259	0,02735	810	836	26	3,1
20	1940	125	228	2,253	0,02746	805	534	29	3,5
21	1920	147	232	2,230	0,02735	800	836	30	4,3

[1]) Hebelverhältnis der Wage überall 1,161 : 1.

b) Divergente Düse, $d_m = 6{,}05$ mm kalt, $6{,}06$ mm warm, $d = 7{,}75$ mm, $F_m = 28{,}84$ qmm, $p_1 = 6{,}965$ kg/qcm.

Nr. des Versuches	Belastung der Wage	Abstand der Platte vom Düsenende	Dampftemperatur t_1 vor der Düse	Druck P des Strahles	Dampfmenge G in der sk	Dampfgeschwindigkeit w beobachtet	Dampfgeschwindigkeit w berechnet	Abweichung zwischen Beobachtung und Berechnung	in vH
	g	mm	°C	kg	kg	m	m	m	
1	2020	60	176	2,346	0,02985	771	808	37	4,6
2	2040	85	175	2,369	0,02990	778	807	29	3,6
3	2050	101	171	2,381	0,03004	778	806	28	3,5
4	2040	122	171	2 369	0,03004	774	806	32	4,0
5	2050	145	168	2,381	0,03016	775	804	29	3,6
6	2050	165	168	2,381	0,03016	775	804	29	3,6
7	2050	281	168	2,381	0,03016	775	804	29	3,6
8	2050	210	175,5	2,381	0,03018	774	804	30	3,7
9	2040	224	167	2,369	0,03020	770	804	34	4,2
10	1988	50	166	2,299	0,03022	746	803	57	7,1
11	1980	40	168	2,299	0,03016	747	804	57	7,1
12	2030	152	167	2,358	0,03020	766	804	38	4,7
13	2030	»	173	2,358	0,02998	772	807	35	4,3
14	2030	»	176	2,358	0,02983	776	808	32	4,0
15	2020	»	180,5	2,346	0,02971	775	810	35	4,3
16	2025	»	183	2,346	0,02960	780	811	31	3,8
17	2020	»	187	2,346	0,02948	781	812	31	3,8
18	2020	»	190	2,346	0,02937	784	813	29	3,6
19	2020	»	197	2,346	0,02911	791	816	25	3,1
20	2000	»	201	2,323	0,02898	787	819	32	3,9
21	2000	»	203	2,323	0,02891	788	820	32	3,9
22	2000	»	208	2,323	0,02871	794	823	29	3,5
23	2000	»	212	2,323	0,02857	798	825	27	3,3
24	1990	»	216	2,311	0,02841	798	827	29	3,5
25	1980	»	219	2,299	0,02832	796	830	34	4,1
26	1980	»	221	2,299	0,02824	799	831	32	3,8
27	1980	»	227	2,299	0,02806	804	834	30	3,6
28	1980	»	230	2,299	0,02796	807	835	28	3,4
29	1980	»	232	2,299	0,02790	808	836	28	3,3

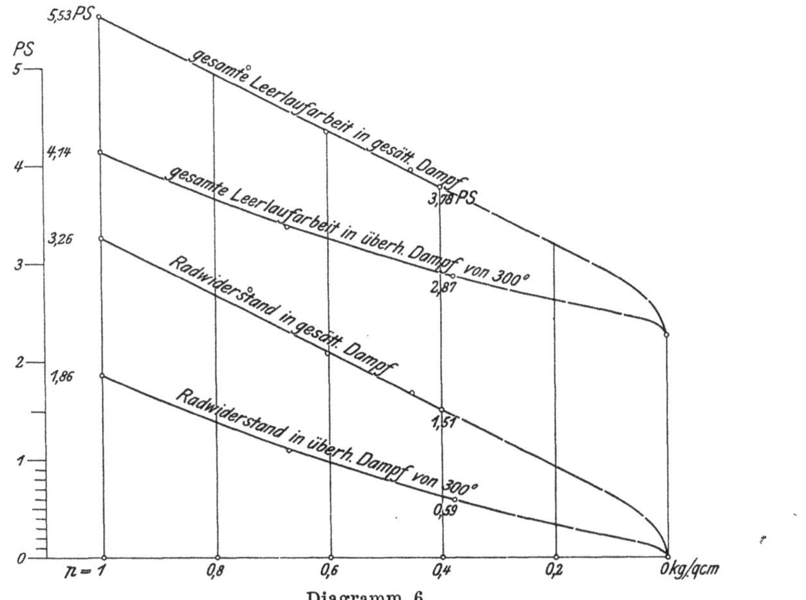

Diagramm 6.

Gesamte Leerlaufarbeit der Turbine und Radwiderstandsarbeit in PS bei sinkendem Druck im Radgehäuse, das Rad in gesättigtem und überhitztem Dampfe laufend.

c) Divergente Düse abgedreht.

$d_m = 5{,}94$ mm, $F_m = 27{,}71$ qmm. $p_1 = 6{,}965$ kg/qcm.

Nr. des Versuches	Belastung der Wage	Abstand der Platte vom Düsenende	Dampftemperatur t_1 vor der Düse	Druck P des Strahles	Dampfmenge G in der sk	Dampfgeschwindigkeit w beobachtet	Dampfgeschwindigkeit w berechnet	Abweichung zwischen Beobachtung und Berechnung	
	g	mm	°C	kg	kg	m	m	m	in vH
1	1880	150	gesätt. 164	2,183	0,02776	771	804	33	4,1
2	1915	120	»	2,224	0,02776	787	804	18	2,2
3	1915	105	»	2,224	0,02776	786	804	18	2,2
4	1890	90	»	2,195	0,02776	757	804	29	3,6
5	1920	103	»	2,230	0,02776	788	804	16	2,0
6	1920	104	»	2,230	0,02776	788	804	16	2,0
7	1920	»	169	2,230	0,02922	748	804	56	7,0
8	1920	»	178	2,230	0,02892	757	808	51	6,2
9	1920	»	199	2,230	0,02819	776	817	41	5,0
10	1920	»	205	2,230	0,02793	784	821	37	4,5
11	1920	»	210	2,230	0,02779	787	823	36	4,4
12	1920	»	215	2,230	0,02761	792	827	35	4,2
13	1920	»	218	2,230	0,02753	795	529	34	4,1
14	1900	»	225	2,207	0,02729	793	832	39	5,6
15	1880	»	227	2,183	0,02723	787	834	47	5,6
16	1880	»	230	2,183	0,02713	789	835	46	5,5

d) Versuche bei anderen Dampfdrücken.

Divergente Düse.

p_1									
7,565	2230	152	193	2,590	0,03178	800	830	30	3,6
6,375	1810	152	195	2,102	0,02655	799	799	22	2,8

Divergente Düse abgedreht.

p_1									
7,565	2100	104	gesättigt	2,439	0,03008	795	819	24	2,9
6,375	1730	104	»	2,009	0,02548	773	784	11	1,4

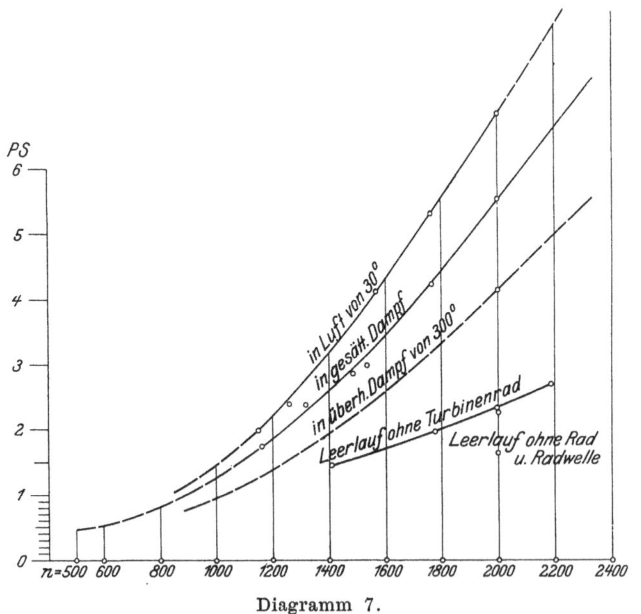

Diagramm 7.

Leerlaufarbeit der Turbine in PS bei zunehmender Umlaufzahl, das Rad in Luft, gesättigtem und überhitztem Dampfe laufend; enthält auch Werte für den Leerlauf ohne Rad sowie ohne Rad und Radachse einschließlich des kleinen Zahnrades.

Zahlentafel 10.

Versuche zur Ermittlung der Austrittstemperatur des überhitzten Dampfes im Turbinengehäuse bei stillstehender Turbine.

a) mit Laufrad.

1) Auspuff, 2 Düsen erweitert Nr. 3 und 8. 4. Oktober 1901.

$b = 754{,}6$ mm, $p_b = 1{,}026$ kg/qcm, $p_u = 5{,}95$ kg/qcm, $p_1 = 6{,}976$ kg/qcm.

Eintrittstemperatur t_1 °C	Austrittstemperatur t °C	Exponent n der Polytrope
243	187	1,040
285	235	1,030
305	261	1,021
322	275	1,024

2) Kondensation, 3 Düsen erweitert Nr. 2b, 5b und 7b. 9. September 1901.

$b = 755{,}7$ mm Quecksilbersäule. $p_b = 1{,}027$ kg/qcm, $p = 0{,}416$ kg qcm.

Eintrittstemperatur t_1 °C	Austrittstemperatur t °C	Anfangsdruck p_u kg/qcm	Anfangsdruck p_1 (korr.) kg/qcm	Exponent n der Polytrope
411	326	5,85	6,827	1,028
413	323	5,8	6,777	1,037
410	327	5,7	6,677	1,033
408	328	5,6	6,577	1,031
407	328	5,5	6,477	1,031
405	329	5,4	6,377	1,030
404	329	5,3	6,277	1,034
402	329	5,2	6,177	1,029
			aritmetisches Mittel	1,032

b) ohne Laufrad.

Auspuff, $b = 753{,}2$ mm, $p_b = 1{,}024$ kg/qcm, $p_u = 5{,}95$ kg/qcm, $p_1 = 6{,}974$ kg/qcm.

1) 2 Düsen Nr. 3 und 8.

Eintrittstemperatur t_1 °C	Austrittstemperatur t °C	Exponent n der Polytrope
300	231	1,052
314	241	1,055
2) 1 Düse Nr. 7b.		
301	223	1,062

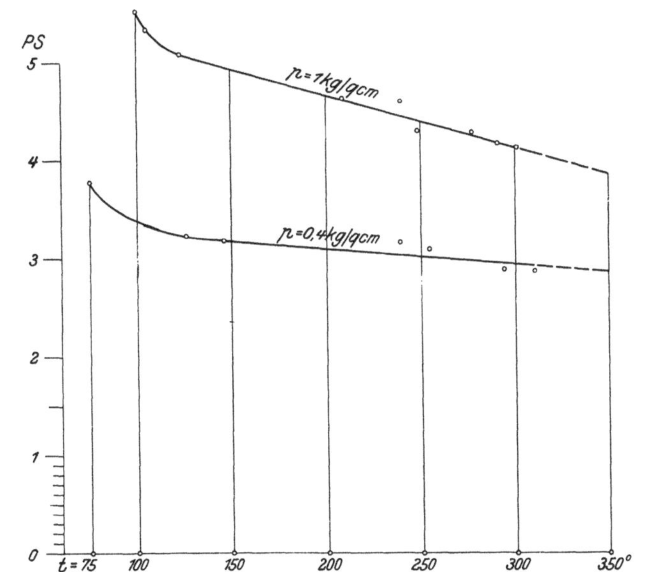

Diagramm 8.

Gesamte Leerlaufarbeit der Turbine in PS bei steigender Ueberhitzung im Radgehäuse und bei 1 und 0,4 kg/qcm absolutem Druck des Dampfes im Gehäuse.

Zahlentafel 11.
Versuche zur Ermittlung des Vakuums im Radgehäuse bei Stillstand und bei Gang, bei verschiedenen Drücken und Düsen.
Temperatur des Eintrittsdampfes $t_1 = 290^0$ C.

Düsenart	Ueberdruck an der Turbine kg/qcm	Vakuum an der Turbine bei Stillstand cm Q.-S.	Vakuum an der Turbine bei Gang cm Q.-S.
2 kleine erweiterte . .	5	—	42,5
2 » verengte . .	5	—	39,5
2 » erweiterte . .	3	52	—
2 » verengte . .	3	42	—
1 große erweiterte . .	3	51,5	—
1 » verengte . .	3	47	—
1 » erweiterte . .	5	42	—
1 » verengte . .	5	38	—
1 » erweiterte . .	5	—	40,5
1 » » . .	4	—	47,5
1 » » . .	3	—	50
2 kleine erweiterte .	6	—	37,5
2 » » .	5	—	43,5
2 » » . .	4	—	46,5

Zahlentafel 12. Leerlaufversuche.
a) Das Turbinenrad lief in Luft.

1) bei atm. Druck mit Stopfbüchsenpackung, $t = \infty\ 30^0$ C

Umlaufzahl n [1])	gesamte Leerlaufarbeit PS	Radwiderstand PS
2000	6,83	4,55
1762	5,30	3,33
1565	4,11	2,51
1268	2,39	—
1150	1,99	—

2) bei atm. Druck ohne Stopfbüchsenpackung, $t = 104^0$ C

Umlaufzahl n	gesamte Leerlaufarbeit PS	Radwiderstand PS
2000	6,61	4,33

3) bei Vakuum mit Stopfbüchsenpackung, $t = \infty\ 30^0$ C

absoluter Druck kg/qcm	Umlaufzahl n	gesamte Leerlaufarbeit PS	Radwiderstand PS
0,895	2000	6,60	4,42

b) Das Turbinenrad lief in gesättigtem Dampf.

1) bei atm. Druck mit Stopfbüchsenpackung

Umlaufzahl n	gesamte Leerlaufarbeit PS	Radwiderstand PS
2000	5,53	3,26
1766	4,22	2,25
1533	2,96	1,40
1485	2,85	1,34
1320	2,38	—
1162	1,74	—

2) bei atm. Druck ohne Stopfbüchsenpackung

Umlaufzahl n	gesamte Leerlaufarbeit PS	Radwiderstand PS
2000	5,41	3,13

3) bei Vakuum mit Stopfbüchsenpackung, $n = 2000$

absoluter Druck kg/qcm	gesamte Leerlaufarbeit PS	Radwiderstand PS
0,738	5,00	2,73
0,602	4,35	2,08
0,453	3,95	1,68
0,400	3,78	1,51

[1]) Die Umlaufzahlen beziehen sich auf das Vorgelege; die Turbinenwelle lief also mit der 10 fachen Umlaufzahl.

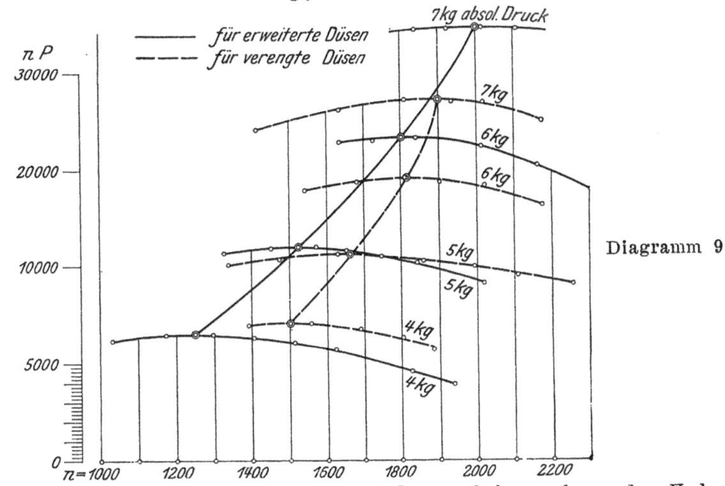

Diagramm 9.

Veränderlichkeit des Produktes *nP* Umlaufzahl mal Bremsbelastung bei zunehmender Umlaufzahl für 7, 6, 5 und 4 kg abs./qcm Dampfdruck für gesättigten Dampf und Auspuffbetrieb (Tafel 13).

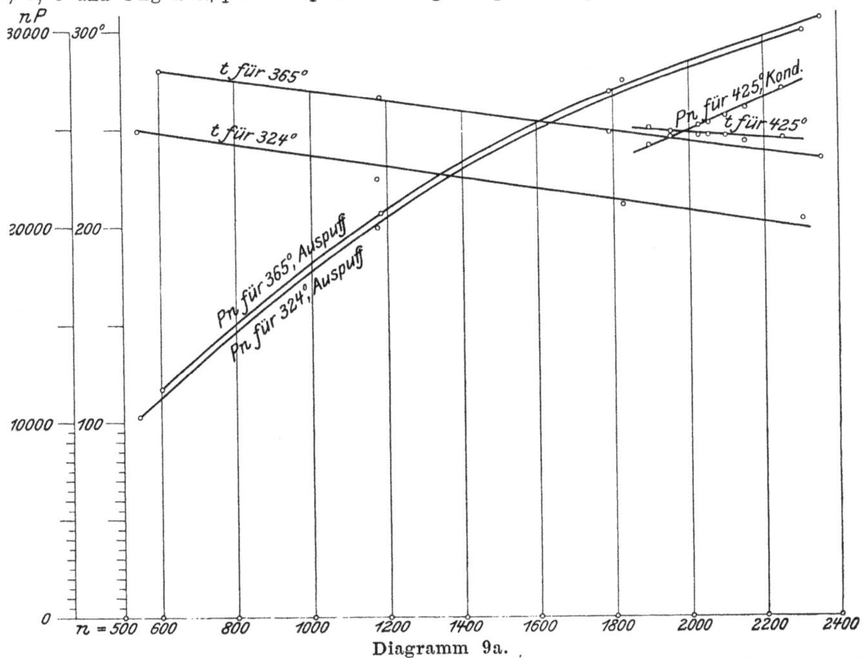

Diagramm 9a.

nP- und *t*-Kurven bei überhitztem Dampf für Auspuff- und Kondensationsbetrieb (Tafel 14 und 15).

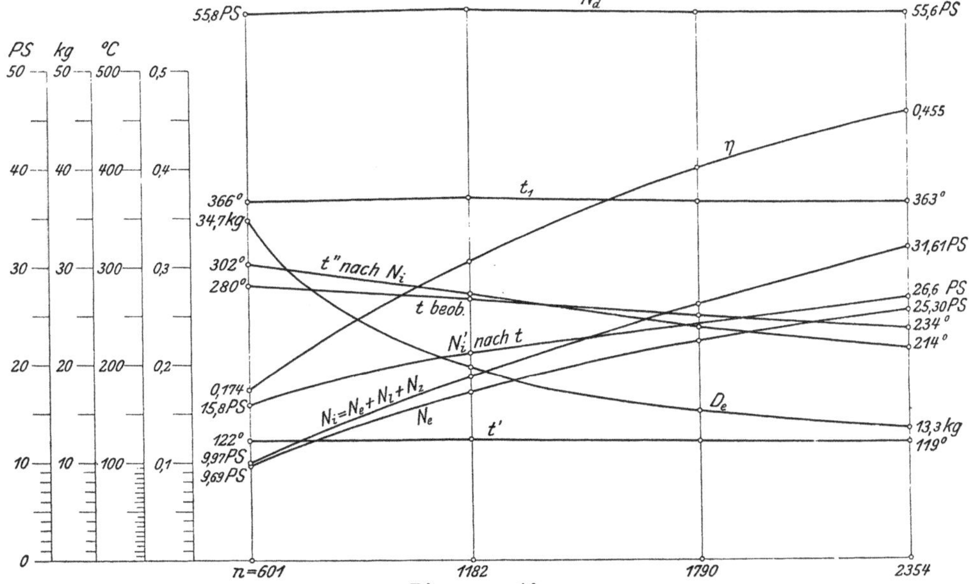

Diagramm 10.

Kurven von N_e, N_i, t, D_e und η bei konstantem Druck, Temperatur und steigender Umlaufzahl. (Nach Versuch 1 der Tafel 15.)

c) Das Turbinenrad lief in überhitztem Dampf.

1) bei atm. Druck mit Stopfbüchsenpackung, $n = 2000$

Temperatur t im Auspuff °C	gesamte Leerlaufarbeit PS	Radwiderstand PS
105	5,34	3,06
123	5,09	2,81
208	4,64	2,36
239	4,61	2,33
248	4,31	2,03
277	4,29	2,01
291	4,18	1,90
301	4,14	1,86

2) bei Vakuum mit Stopfbüchsenpackung, $n = 2000$

absoluter Druck kg/qcm	Temperatur t im Auspuff °C	gesamte Leerlaufarbeit PS	Radwiderstand PS
0,399	126	3,23	0,95
0,379	146	3,19	0,91
0,400	239	3,17	0,89
0,400	254	3,10	0,82
0,306	294	2,89	0,61
0,379	310	2,87	0,59
0,672	308	3,37	1,09

d) Ohne Turbinenrad mit Stopfbüchsenpackung.

Umlaufzahl n	gesamte Leerlaufarbeit PS
2188	2,69
2001	2,26
1997	2,33
1778	1,97
1441	1,45

e) Ohne Turbinenrad und Radwelle.

Umlaufzahl n	gesamte Leerlaufarbeit PS
2017	1,69
2007	1,56
1975	1,67

Mittelwert für $n = 2000$ beträgt 1,64 PS

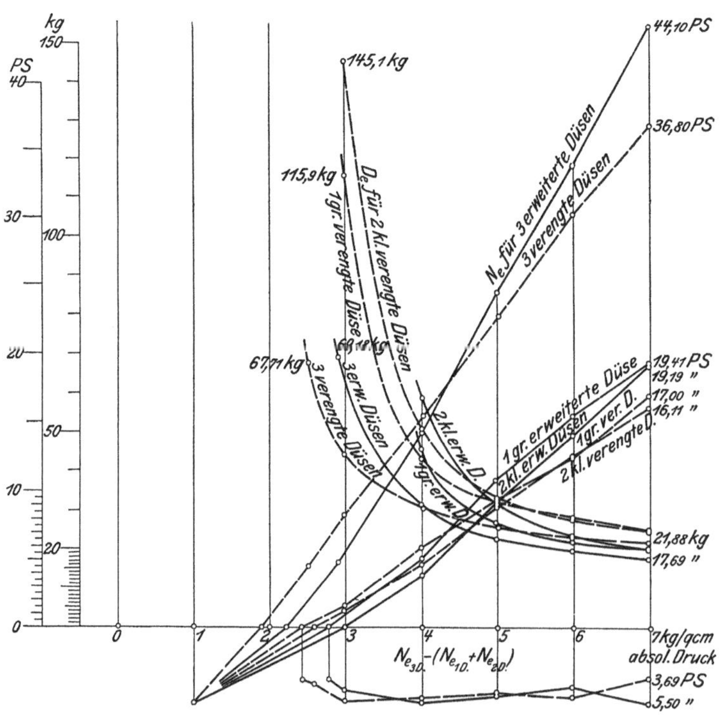

Diagramm 11.

Leistungsversuche, betreffend den Vergleich bei 1 grofsen, 2 kleinen, sowie 1 grofsen + 2 kleinen Düsen, gesättigter Dampf (Auspuffbetrieb), bei Anwendung erweiterter und verengter Düsen (Tafel 16 bis 18).

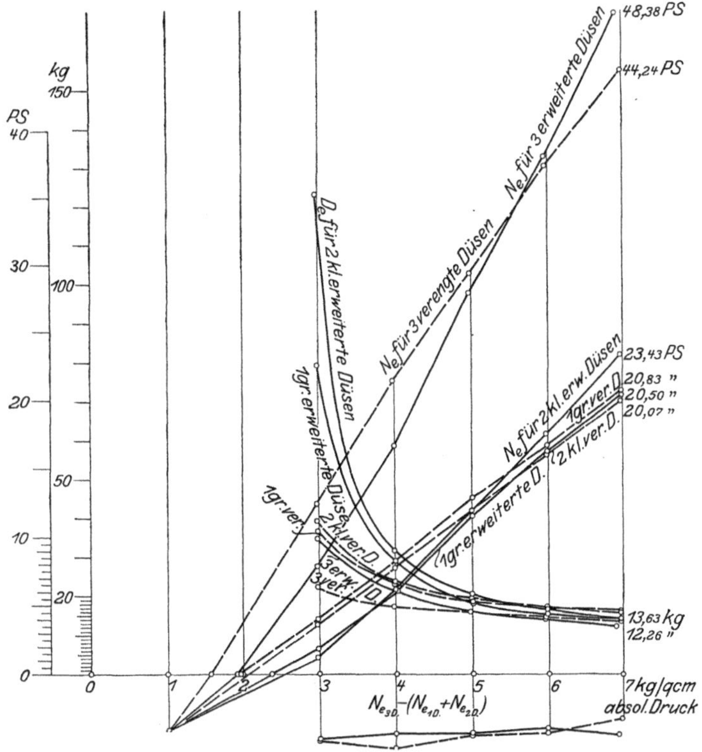

Diagramm 12.
Leistungsversuche, betreffend den Vergleich bei 1 grofsen, 2 kleinen, sowie 1 grofsen + 2 kleinen Düsen, überhitzter Dampf (Auspuffbetrieb) bei Anwendung erweiterter und verengter Düsen (Tafel 19 bis 21).

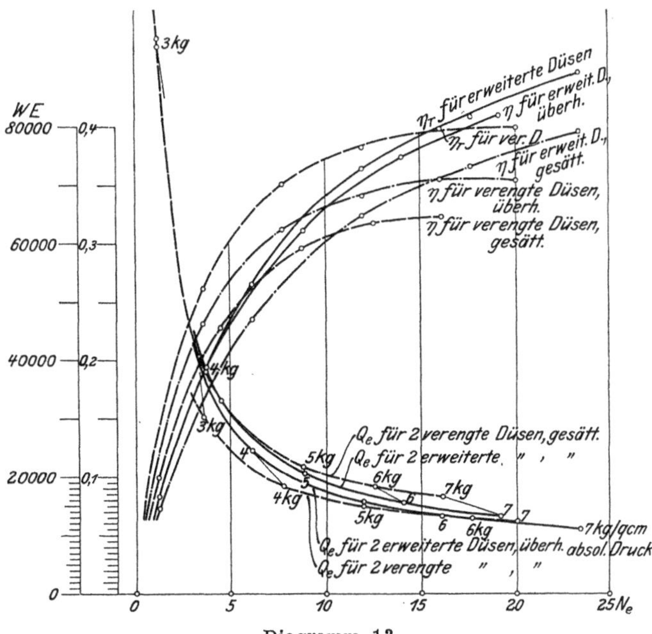

Diagramm 13.
Wärmeverbrauch und thermische Wirkungsgrade mit und ohne Regenerierung, 2 erweiterte und 2 verengte Düsen, gesättigter und überhitzter Dampf (Tafel 17 und 20).

Zahlentafel 13.

Leistungsversuche bei wechselnder Umlaufzahl und gesättigtem Dampf und 2 Düsen.

1) erweiterte Düse Nr. 1 u. 4.

Umlaufzahl n	Bremsbelastung P kg	nP	Umlaufzahl n	Bremsbelastung P kg	nP
I. für 4 kg/qcm abs. Druck			III. für 6 kg/qcm abs. Druck		
1949	2	3898	2304	6	13824
1828	2,5	4500	2163	7	15141
1623	3,5	5681	2014	8	16112
1514	4	6056	**1841**	9	**16596**
1406	4,5	6327	1729	9,5	16426
1299	5	**6495**	1636	10	16360
1174	5,5	6457			
1031	6	6186			
II. für 5 kg/qcm abs. Druck			IV. für 7 kg/qcm abs. Druck		
2020	4,5	9090	2110	10,5	22155
1842	5,5	10131	**2018**	11	**22198**
1749	6	10494	1924	11,5	22126
1653	6,5	10745	1840	12	22080
1571	7	**10997**			
1451	7,5	10882			
1329	8	10632			

2) verengte Düse Nr. 2 u. 5.

Umlaufzahl n	Bremsbelastung P kg	nP	Umlaufzahl n	Bremsbelastung P kg	nP
I. für 4 kg/qcm abs. Druck			III. für 6 kg/qcm abs. Druck		
1886	3	5658	2176	6	13056
1806	3,5	6321	2022	7	14154
1690	4	6760	1904	7,5	14280
1558	4,5	**7011**	**1812**	8	**14496**
1391	4	6955	1681	8,5	14288
			1543	9	13887
II. für 5 kg/qcm abs. Druck			IV. für 7 kg/qcm abs. Druck		
2258	4	9032	2175	8	17400
2110	4,5	9495	2040	9	18360
1992	5	9960	1936	9,5	18392
1560	5,5	10230	1900	9,7	18430
1749	6	10494	**1811**	10,2	**18472**
1630	6,5	**10595**	1635	11,4	17985
1474	7	10318	1415	12	16980
1340	7,5	10050			

Zahlentafel 14.

Leistungsversuche bei wechselnder Umlaufzahl, überhitztem Dampf und Vakuum.

2 erweiterte Düsen Nr. 2b und 5b.

$p_1 = 6{,}977$. 2b: $d_m = 7{,}01$ mm; 5b: $d_m = 7{,}06$ mm.

Eintrittstemperatur t_1 °C	Austrittrtemperatur t °C	Vakuum abs. kg/qcm	Umlaufzahl n	Bremsbelastung P kg	Produkt nP
426	245	0,320	2247	12,0	26 964
426	243	0,315	2150	12,1	26 015
425	246	0,329	2100	12,2	25 620
424	246	0,332	2053	12,3	25 252
422	246	0,329	2026	12,4	25 122
423	248	0,332	1952	12,5	24 595
422	250	0,360	1897	12,7	24 092

Zahlentafel 15.

2 Versuche bei steigender Umlaufzahl. Auspuff, überhitzter Dampf, 2 erweiterte Düsen Nr. 3 und 8.

$d_{m3} = 8{,}33$ mm, $F_{m3} = 54{,}5$ qmm, $d_{m8} = 8{,}31$ mm, $F_{m8} = 54{,}3$ qmm.

		1. Versuch am 17. April 1901 $b = 746{,}7$ mm, $p_b = 1{,}015$ kg, $p_u = 5{,}95$ kg, $p_1 = 6{,}965$ kg/qcm, $G_h = 336$ kg/st berechnet				2. Versuch am 4. Oktbr. 1901 $b = 754{,}6$ mm, $p_b = 1{,}026$ kg, $p_u = 5{,}95$ kg, $p_1 = 6{,}976$ kg/qcm, $G_h = 349$ kg/st berechnet			
Dampftemperatur vor der Turbine t_1	°C	366	369	364	363	323	315	324	325
» im Auspuff t	»	280	266	248	234	249	224	211	203
» nach N_i berechn. t''	»	302	271	237	214	265	223	200	186
» im Auspuff berechn. t'	»	122	123	121	119	100	100	100	100
spezifische Dampfmenge x		—	—	—	—	0,996	0,992	0,997	0,998
Differenz $t - t'$	»	158	139	127	115	149	124	111	103
» $t_1 - t$	»	86	107	116	129	74	91	113	122
» $t_1 - t'$	»	244	246	243	244	223	215	224	225
mittlere Umlaufzahl n	»	601	1182	1790	2354	542	1174	1828	2303
Umfanggeschwindigkeit u	m/sk	62,9	123,8	187,4	246,5	56,7	122,9	191,4	241,1
Bremsbelastung P	kg	19,5	17,5	15	13	19	17	15	13
Produkt $P.n$		11 720	20 685	26 850	30 602	10 298	19 958	27 420	29939
Bremsleistung N_e	PS	9,69	17,10	22,19	25,30	8,51	16,50	22,67	24,75
Dampfverbrauch D_e	kg	34,7	19,6	15,1	13,3	41,01	21,15	15,39	14,10
verfügbare Strömenergie H_a	m/kg	44 820	45 070	44 770	44 650	41 550	40 920	41 550	41550
umgesetzte » H_i	»	12 680	16 112	18 990	21 410	10 180	13 780	18 230	19930
im Dampf verfügbare Arbeit N_a	PS	55,8	56,1	55,7	55,6	53,71	52 89	53,71	53,71
indizierte Arbeit nach t berechnet N_i'	»	15,8	20,1	23,6	26,6	13,16	17,81	23,56	25,76
Leerlaufarbeit N_l	»	0,23	1,42	3,43	5,77	0 23	1,40	3,54	5,56
Zusatzarbeit N_z	»	0,05	0,18	0,36	0,54	0,04	0,17	0,37	0,52
indizierte Arbeit $(N_e + N_l + N_z)$ N_i	»	9,97	18,70	25,98	31,61	8,78	18,07	26,58	30,83
indizierter Wirkungsgrad η_i		0,179	0,333	0,466	0,569	0,163	0,342	0,495	0,574
mechanischer » η_m		0,971	0,914	0,854	0,800	0,969	0,913	0,853	0,803
Gesamtwirkungsgrad $\eta = \eta_i \cdot \eta_m$		0,174	0,304	0,398	0,455	0,158	0,312	0,422	0,461

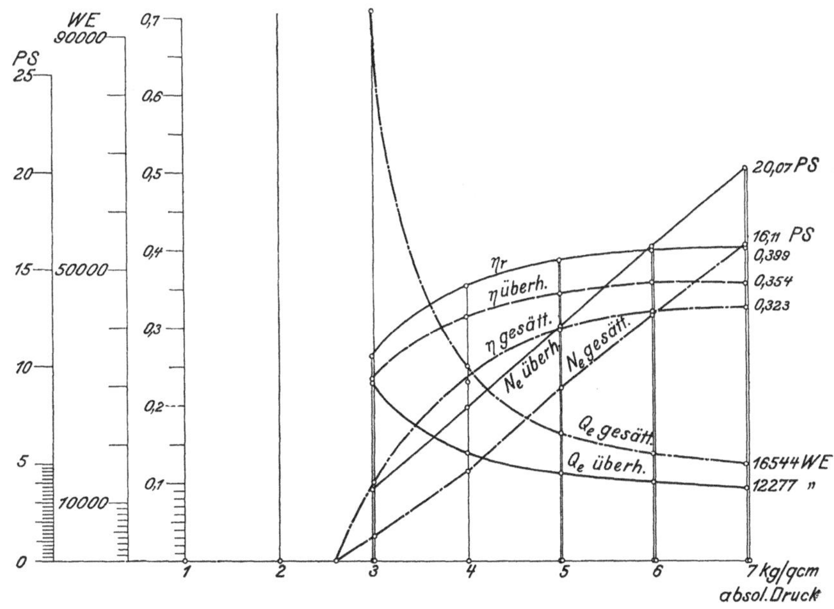

Diagramm 14.
Vergleich zwischen gesättigtem und überhitztem Dampf, 2 verengte Düsen, betreffend Leistung, Wärmeverbrauch und Wirkungsgrade mit und ohne Regenerierung (Tafel 17 und 20).

Zahlentafel 16. 29. September 1900.

Versuche mit 1 großen Düse; gesättigter Dampf; Leerlauf bis 6 kg Ueberdruck.

erweiterte Nr. 6 für 4 kg richtig. $d_m = 11{,}75$ mm, $F_m = 108{,}5$ qmm. verengte Nr. 7. $d_m = 12{,}23$ mm, $F_m = 117{,}4$ qmm.

	24. Sept.	24. Sept.	24. Sept.	22. August	25. Sept.	10. Sept.	17. Sept.	24. Sept.	24. Sept.	22. August	25. Sept.
Kesselüberdruck p_u . . . . kg	1,76	2,97	3,95	4,96	5,95	1,40	1,96	2,97	3,97	4,96	5,95
Barometerstand b . . . . mm Q.-S.	751,1	751,1	751,1	748,0	749,3	752,6	756,7	751,1	751,1	749,3	747,8
atmospärischer Druck p_b . kg/qcm	1,021	1,021	1,021	1,017	1,019	1,023	1,029	1,021	1,021	1,019	1,017
abs. Druck vor der Turbine p_1 . »	2,781	3,991	4,971	5,977	6,969	2,423	2,989	3,991	4,991	5,979	6,967
mittlere Umlaufzahl n . . .	1976	1983	1989	2040	2002	1992	2027	1991	2026	2009	2016
Umfangsgeschwindigkeit u . . m/sk	206,9	207,6	208,2	213,6	209,6	208,6	212,2	208,5	212,1	210,3	211,1
Bremsbelastung P . . . . . kg	0	3,0	6,4	9	11,5	0	0,9	3,4	5,5	7,5	10
gebremste Leistung N_{e1} . . . PS	0	5,003	10,706	15,441	19,362	0	1,534	5,693	9,371	12,674	16,955
zusätzliche Bremsarbeit N_{e2} . »	0	0,039	0,042	0,046	0,048	0	0,037	0,039	0,042	0,044	0,047
effektive Leistung N_e . . . »	0	5,04	10,75	15,49	19,41	0	1 57	5,73	9,41	12,72	17,00
Dampfverbrauch pro st G_h . . kg	161	230	288	341	395	151	182	247	306	361	420
» » PSe-st D_e »	∞	45,63	26,79	22,01	20,35	∞	115,9	43,11	32,52	28,38	24,71
Verhältnis $\frac{G}{F_m}$ beobachtet .	412	589	737	873	1011	357	431	584	724	854	994
Verhältnis $\frac{G}{F_m}$ berechnet . .	411	584	722	864	1003	360	441	584	725	864	1002
Quotient C	1,002	1,009	1,021	1,010	1,008	0,992	0,977	1,000	0,999	0,988	0,992
Gesamtwärme λ_1 . . . . . WE	646,23	650,03	652,49	654,63	656,47	644,84	646,96	650,03	652,53	654,63	656,59
» pro st Q_1 . . . »	104 043	149 507	187 917	223 229	259 306	97 371	117 747	160 557	199 674	236 321	275 768
Verhältnis $\frac{Q_1}{N_e}$	—	29 664	17 481	14 411	13 359	—	74 998	28 020	21 219	18 579	16 222
thermischer Wirkungsgrad η_{te} . vH	—	2,19	3,64	4,42	4,77	—	0,85	2,27	3,00	3,42	3,93
H_d . . . . mkg	17 370	23 610	27 370	30 560	33 170	14 980	18 660	23 610	27 420	30 560	33 170
N_d . . . . PS	10,36	20,12	29,19	38,52	48,53	8,38	12,58	21,59	31,08	40,86	51,59
$\eta = \eta_i \cdot \eta_m$	—	0,250	0,368	0,402	0,400	—	0,124	0,225	0,265	0,311	0,329

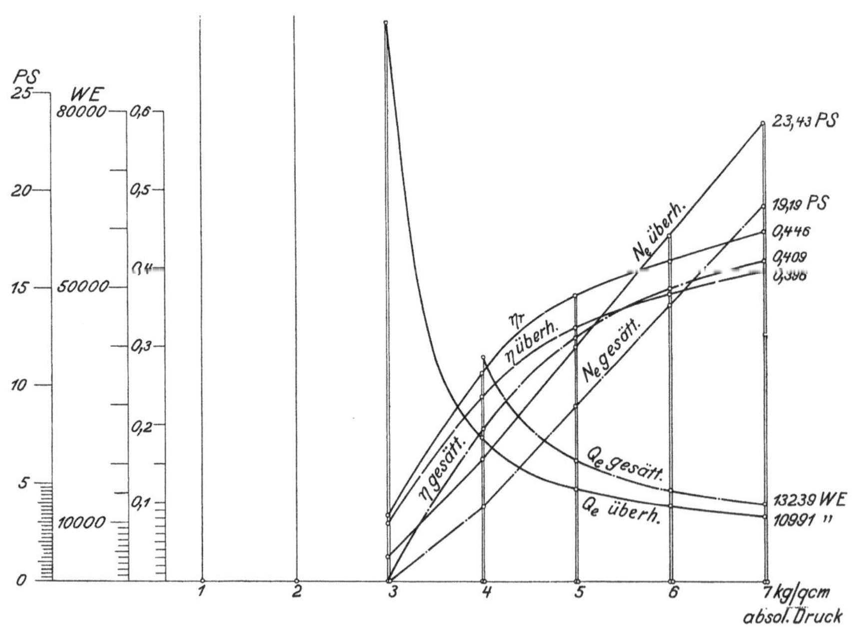

Diagramm 15.

Vergleich zwischem gesättigtem und überhitztem Dampf, 2 erweiterte Düsen, betreffend Leistung, Wärmeverbrauch und Wirkungsgrade mit und ohne Regenerierung (Tafel 17 und 20).

Zahlentafel 17. 28. September 1900.

Versuche mit 2 kleinen Düsen; gesättigter Dampf, Leerlauf bis 6 kg Ueberdruck.

erweitert Nr. 1 und 4 für 6 kg richtig. verengt Nr. 2 und 5.

$d_{m1} = 8{,}41$ mm, $F_{m1} = 55{,}5$ qmm, $d_{m2} = 8{,}52$ mm, $F_{m2} = 57{,}0$ qmm,

$d_{m4} = 8{,}01$ mm, $F_{m4} = 50{,}4$ qmm. $d_{m5} = 8{,}20$ mm, $F_{m5} = 52{,}8$ qmm.

	10. Sept.	17. Sept.	24. Sept.	25. Sept.	25. Sept.	10. Sept.	17. Sept.	10. Sept.	24. Sept.	25. Sept.	25. Sept.
Kesselüberdruck p_u . . . . . kg	1,96	2,97	3,97	4,96	5,95	1,56	1,96	2,97	3,97	4,96	5,95
Barometerstand b . . . . mm Q.-S.	752,6	756,7	751,1	749,3	749,3	752,6	756,7	752,6	751,1	749,3	749,3
atmosphärischer Druck p_b . kg/qcm	1,023	1,029	1,021	1,019	1,019	1,023	1,029	1,023	1,021	1,019	1,019
abs. Druck vor der Turbine p_1 . »	2,983	3,999	4,991	5,979	6,969	2,583	2,989	3,993	4,991	5,979	6,969
mittlere Umlaufzahl n . . .	2013	2025	1991	1964	2032	1989	2004	2005	2005	1988	2011
Umfangsgeschwindigkeit u . . m/sk	210,8	212,0	208,5	205,6	212,8	208,2	209,8	209,9	209,9	208,1	210,6
Bremsbelastung P . . . . . kg	0	2,2	5,3	8,5	11,2	0	0,7	2,7	5,2	7,5	9,5
gebremste Leistung N_{e1} . . . PS	0	3,747	8,874	14,040	19,139	0	1,180	4,553	8,768	12,539	16,067
zusätzliche Bremsarbeit N_{e2} . »	0	0,039	0,041	0,044	0,048	0	0,037	0,039	0,041	0,043	0,046
effektive Leistung N_e . . . . »	0	3,79	8,92	14,08	19,19	0	1,22	4,59	8,81	12,58	16,11
Dampfverbrauch pro st G_h . kg	170	223	282	333	387	155	177	234	293	349	406
» » PSe-st D_e »	∞	58,84	31,61	23,65	20,17	∞	145,1	50,98	33,26	27,74	25,20
Verhältnis $\frac{G}{F_m}$ beobachtet .	446	585	740	874	1015	392	448	592	741	883	1027
Verhältnis $\frac{G}{F_m}$ berechnet . .	440	585	725	864	1003	383	441	584	725	864	1003
Quotient C	1,014	1,000	1,021	1,012	1,012	1,023	1,016	1,014	1,022	1,022	1,024
Gesamtwärme λ_1 . . . . . . WE	646,94	650,06	652,53	654,63	656,47	645,48	646,96	650,04	652,53	654,63	656,47
» pro st Q_1 . . »	109 980	144 963	184 013	217 992	254 054	100 049	114 512	152 109	191 191	228 466	266 527
Verhältnis $\frac{Q_1}{N_e}$	—	38 249	20 629	15 482	13 239	—	93 862	33 139	21 702	18 161	16 544
thermischer Wirkungsgrad η_{te} vH	—	1,67	3,09	4,11	4,81	—	0,68	1,92	2,94	3,51	3,85
H_d . . . . mkg	18 620	23 660	27 420	30 560	33 170	16 080	18 660	23 610	27 420	30 560	33 170
N_d . . . . PS	11,72	19,54	28,64	37,69	46,80	9,23	12,23	20,09	29,75	39,50	49,88
$\eta = \eta_i \cdot \eta_m$	—	0,194	0,311	0,374	0,409	—	0,099	0,228	0,296	0,318	0,323

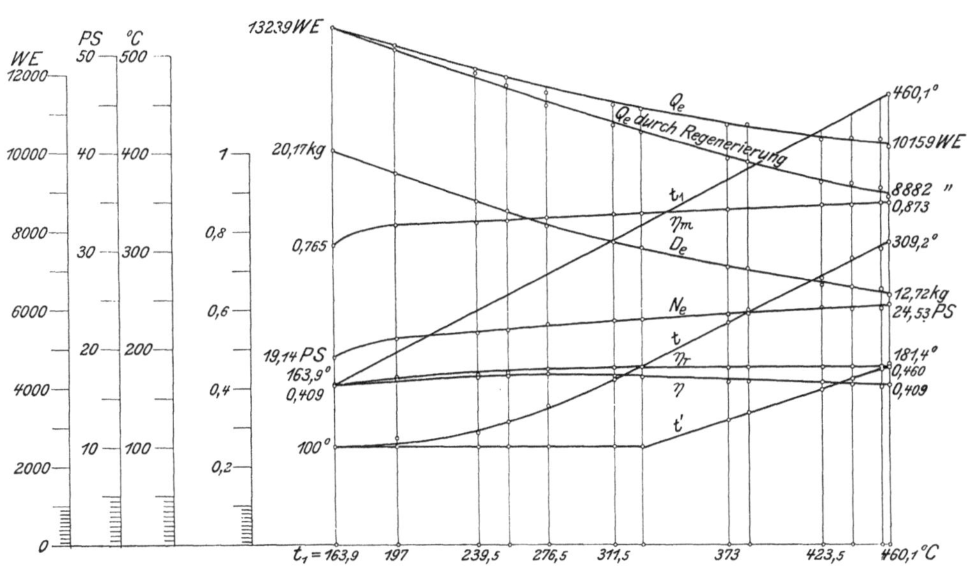

Diagramm 16.

Versuche bei steigender Ueberhitzung, 2 erweiterte Düsen (Auspuffbetrieb) (Tafel 25).

Zahlen-

Versuche mit 3 Düsen; gesättigter
erweitert Nr. 1, 4 für 6 kg richtig und 6 für 4 kg richtig.
$d_{m1} = 8{,}41$ mm, $F_{m1} = 55{,}5$ qmm. $d_{m4} = 8{,}01$ mm,
$F_{m4} = 50{,}4$ qmm. $d_{m6} = 11{,}75$ mm, $F_{m6} = 108{,}5$ qmm.

	10. Sept.	7. Sept.	10. Sept.	25. Sept.	10. Sept.	25. Sept.
Kesselüberdruck p_u . . . . kg	1,25	1,88	2,97	3,97	4,96	5,95
Barometerstand b . . . . mm Q.-S.	752,6	754,1	752,6	749,3	752,6	749,3
atmosphärischer Druck p_b . kg/qcm	1,023	1,025	1,023	1,019	1,023	1,019
abs. Druck vor der Turbine p_1 . »	2,223	2,905	3,993	4,989	5,983	6,969
mittlere Umlaufzahl n . . .	1985	2008	1990	2015	2009	2014
Umfangsgeschwindigkeit u . . m/sk	207,8	210,2	208,4	211,0	210,3	210,9
Bremsbelastung P. . . . . kg	0	2,8	8,5	14,5	20,0	26,0
gebremste Leistung N_{e1} . . . PS	0	4,728	14,226	24,574	33,791	44,035
zusätzliche Bremsarbeit N_{e2} . »	0	0,039	0,044	0,051	0,057	0,063
effektive Leistung N_e . . . »	0	4,77	14,27	24,63	33,85	44,10
Dampfverbrauch pro st G_h. . kg	249	330	449	562	672	780
» » PSe-st D_e »	∞	69,18	31,46	22,82	19,85	17,69
Verhältnis $\frac{G}{F_m}$ beobachtet .	323	428	582	728	871	1011
Verhältnis $\frac{G}{F_m}$ berechnet . .	331	429	584	725	865	1003
Quotient C	0,976	0,998	0,997	1,004	1,007	1,008
Gesamtwärme λ_1 . . . . . . WE	643,99	646,67	650,04	652,53	654,64	656,47
» pro st Q_1 . . . »	160 354	213 401	291 868	366 722	439 918	512 047
Verhältnis $\frac{Q_1}{N_e}$	—	44 738	20 453	14 889	12 996	11 611
thermischer Wirkungsgrad η_{te} . vH	—	1,42	3,11	4,28	4,90	5,49
H_d . . . . mkg	13 540	18 110	23 610	27 410	30 560	33 170
N_d . . . . PS	12,49	22,13	39,26	57,05	76,06	95,82
$\eta = \eta_i \cdot \eta_m$	—	0,216	0,369	0,431	0,445	0,460

[1]) Diese Zahl bedeutet den zwar durch die Düsen, aber nicht durch die Turbine gegangenen

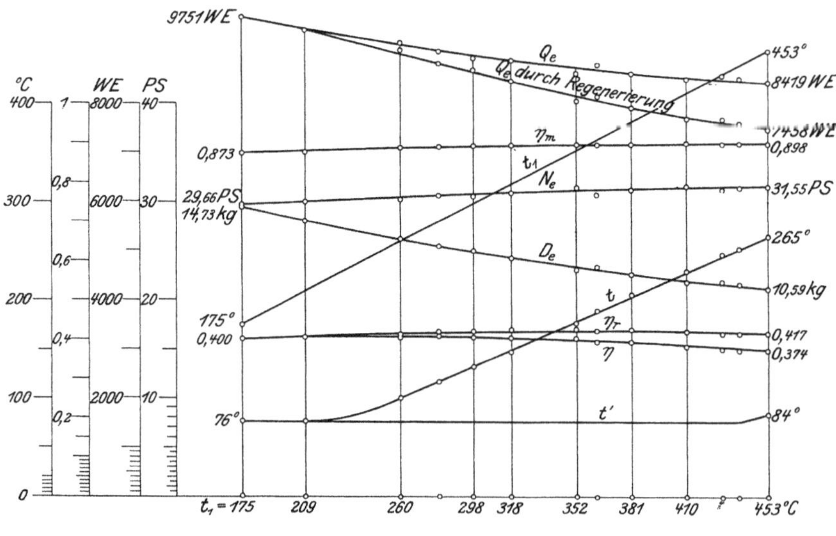

Diagramm 17.
Versuche bei steigender Ueberhitzung (Kondensationsbetrieb). 3 erweiterte Düsen (Tafel 28).

tafel 18. 27. September 1900.

Dampf; Leerlauf bis 6 kg Ueberdruck.

verengt Nr. 2, 5 und 7.

$d_{m2} = 8{,}52$ mm, $F_{m2} = 57{,}0$ qmm. $d_{m5} = 8{,}20$ mm, $F_{m5} = 52{,}8$ qmm.

$d_{m7} = 12{,}23$ mm, $F_{m7} = 117{,}4$ qmm.

10. Sept.	10. Sept.	17. Sept.	14. Sept.	14. Sept.	29. August	25. Sept.
0,876	1,49	1,96	2,97	3,97	4,96	5,95
752,6	752,6	756,7	762,9	762,9	759,7	749,3
1,023	1,023	1,029	1,037	1,037	1,033	1,019
1,899	2,513	2,989	4,007	5,007	5,993	6,969
2010	2020	2014	2036	2016	2000	1986
210,4	211,5	210,9	213,2	211,0	209,4	207,9
0	2,6	4,8	9,0	13,5	18,0	22
0	4,417	8,130	15,410	22,889	30,276	36,743
0	0,039	0,041	0,046	0,050	0,055	0,058
0	4,46	8,17	15,46	22,94	30,33	36,80
226	302	360	474	587	703	805 (810 [1])
∞	67,71	44,06	30,66	25,59	23,18	21,88
276	369	440	580	718	860	990
284	373	441	586	728	866	1003
0,972	0,989	0,998	0,990	0,986	0,993	0,987
642,47	645,20	646,96	650,08	652,57	654,66	656,47
145 198	194 850	232 906	308 138	383 059	460 226	531 741
—	43 668	28 507	19 931	16 698	15 174	14 449
—	1,46	2,23	3,20	3,81	4,20	4,41
10 930	15 610	18 660	23 710	27 510	30 600	33 170
9,15	17,46	24,88	41,62	59,81	79,67	98,89
—	0,255	0,328	0,371	0,383	0,387	0,372

Dampf; die Differenz gegen die gemessene Menge ist durch die hintere Stopfbüchse gegangen.

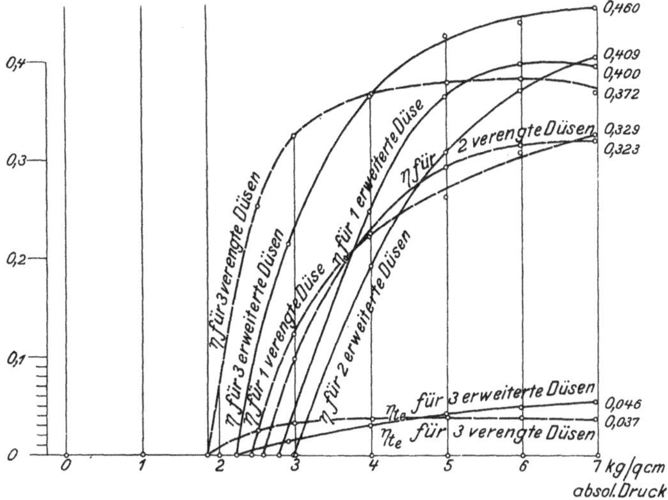

Diagramm 18.

Vergleich der Wirkungsgrade bei 1 großen, 2 kleinen und 1 großen + 2 kleinen Düsen (erweitert und verengt), gesättigter Dampf (Tafel 16 und 18).

Zahlen-

Versuche mit 1 großen Düse; überhitzter
erweitert Nr. 6, für 6 kg richtig.
$d_m = 11{,}77$ mm, $F_m = 108{,}9$ qmm.

		am 4. Oktober					
Kesselüberdruck p_u	kg	1,35	1,96	2,97	3,97	4,96	5,95
Barometerstand b	mm Q.-S.	757,1	757,1	757,1	757,1	757,1	757,1
atmosphärischer Druck p_b	kg/qcm	1,029	1,029	1,029	1,029	1,029	1,029
abs. Druck vor der Turbine p_1	»	2,379	2,989	3,999	4,999	5,989	6,979
Dampftemp. vor der Turbine t_1	°C	389,8	427,0	447,2	456,1	457,4	449,7
» im Auspuff t_0	»	287,5	304,3	303,3	299	295,8	290,5
» » » berechn. t_a	»	264,5	263,2	239,9	218,1	197,3	174,8
Differenz $t_1 - t_0$	»	102,3	122,7	143,9	157,1	161,6	159,2
mittlere Umlaufzahl n		1980	2000	2004	1962	1993	1993
Umfangsgeschwindigkeit u	m/sk	207,3	209,4	209,8	205,4	209,3	209,3
Bremsbelastung P	kg	0	1,1	3,61	7,0	9,7	12,2
gebremste Leistung N_{e1}	PS	0	1,850	6,084	11,550	16,258	20,449
zusätzliche Bremsarbeit N_{i2}	»	0	0,037	0,040	0,042	0,046	0,048
effektive Leistung N_e	»	0	1,89	6,12	11,59	16,30	20,50
Dampfverbrauch pro st G_h	kg	107	150	178	210	251	292
» » PSe-st D_e	»	∞	79,37	29,08	18,12	15,40	14,24
Verhältnis $\frac{G}{F_m}$ beobachtet		273	383	454	536	640	745
Verhältnis $\frac{G}{F_m}$ berechnet		283	346	462	570	683	802
Quotient C		0,965	1,107	0,983	0,940	0,937	0,929
Gesamtwärme λ_1	WE	771,71	788,24	796,16	799,01	798,42	793,67
» pro st Q_1	»	82 573	118 236	141 717	167 792	200 403	231 752
Verhältnis $\frac{Q_1}{N_e}$		—	62 559	23 156	14 477	12 295	11 305
thermischer Wirkungsgrad η_{te}	vH	—	1,02	2,75	4,40	5,18	5,63
durch Regener. zurückgewon. Q_r	WE	—	7783	2838	1731	1447	1302
therm.Wirkungsgr.b.Regener. η_{tr}	vH	—	1,16	3,14	5,00	5,87	6,37
H_d	mkg	23 716	31 004	39 092	44 732	48 712	51 244
H_i	»	19 024	22 624	26 184	28 252	28 636	27 676
N_d	PS	9,40	17,22	25,77	34,79	45,28	55,42
N_i'	»	7,54	12,57	17,26	21,97	26,62	29,93
Leerlaufarbeit N_l	»	3,21	3,13	3,13	3,15	3,17	3,20
Zusatzarbeit N_z	»	0	0,04	0,12	0,21	0,29	0,37
indizierte Arbeit N_i	»	3,21	5,06	9,37	14,95	19,76	24,07
Gesamtwirkungsgrad η		—	0,110	0,237	0,333	0,360	0,370

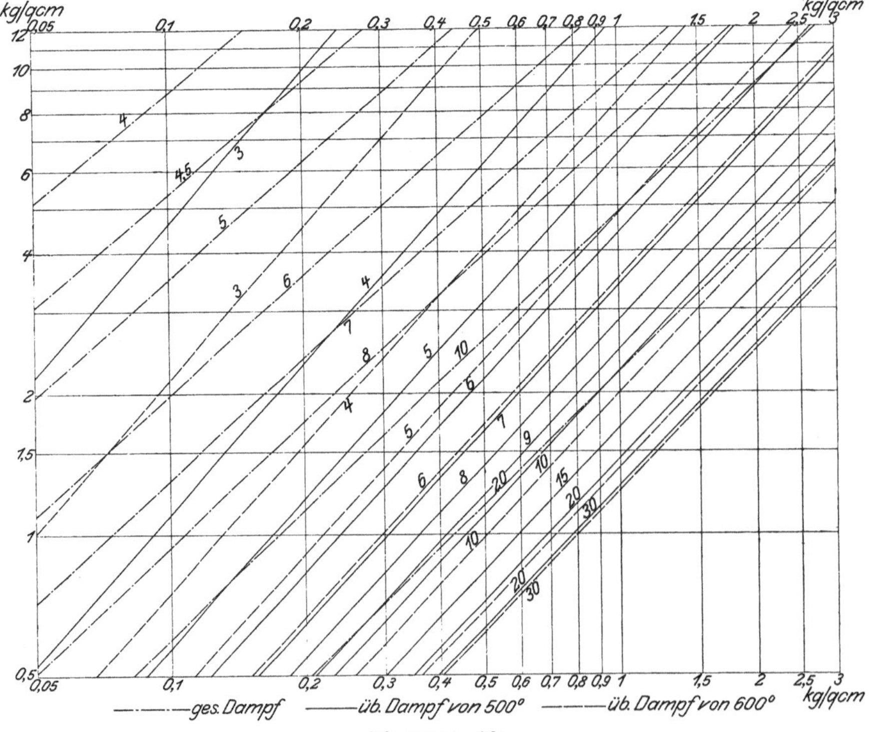

Diagramm 19.
Theoretischer Dampfverbrauch pro PS-st für gesättigten und für überhitzten Dampf (500° und 600°) bei verschiedenen Druckverhältnissen.

tafel 19. 11. Oktober 1900.

Dampf; Leerlauf bis 6 kg Ueberdruck.

verengt Nr. 7.

$d_m = 12{,}27$ mm, $F_m = 118{,}2$ qmm.

am 4. Oktober					
0,935	1,96	2,97	3,97	4,96	5,95
757,1	757,1	757,1	757,1	757,1	757,1
1,029	1,029	1,029	1,029	1,029	1,029
1,964	2,989	3,999	4,999	5,989	6,979
401,3	416,8	429,2	437,7	436,8	397,5
282,2	284	285	285,6	279,6	275,6
300,7	255,4	227,1	205,6	191,3	142,5
117,1	132,8	144,2	151,9	157,2	121,9
1999	2007	2000	2007	2050	2012
209,3	210,1	209,4	210,1	214,6	210,7
0	2,35	4,9	7,6	9,7	12,28
0	3,967	8,242	12,828	16,723	20,779
0	0,038	0,041	0,044	0,047	0,049
0	4,01	8,28	12,87	16,77	20,83
99	147	192	239	285	337
∞	36,66	23,19	18,57	16,99	16,18
233	345	451	562	670	792
231	349	464	578	694	835
1,009	0,989	0,972	0,972	0,965	0,949
778,30	783,35	787,52	790,08	788,54	768,62
77 052	115 15	151 204	1888 29	2247 34	259 025
—	28 716	18 261	14 672	13 401	12 435
—	2,22	3,49	4,34	4,75	5,12
—	3238	2059	1654	1465	1364
—	2,48	3,93	4,89	5,34	5,75
19 136	30 520	38 040	43 492	457 32	47 196
22 492	24 692	26 248	27 184	277 44	20 076
7,02	16,62	27,05	38,50	48,27	58,91
8,25	13,44	18,67	24,06	29,29	25,06
3,23	3,23	3,22	3,22	3,25	3,27
0	0,07	0,15	0,23	0,30	0,38
3,23	7,31	11,65	16,32	20,32	24,18
—	0,241	0,306	0,334	0,347	0,353

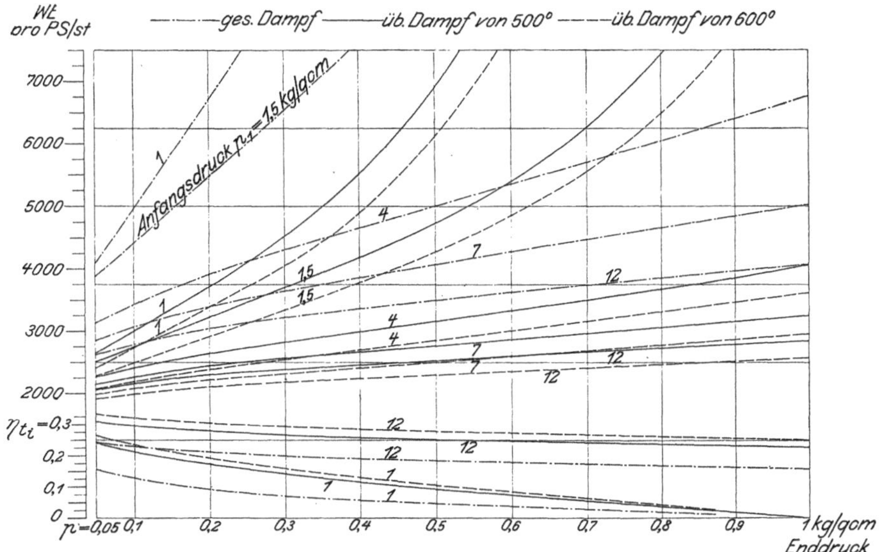

Diagramm 20.

Theoretischer Wärmeverbrauch pro PS-st für gesättigten und für überhitzten Dampf (520° und 600°) bei verschiedenen Druckverhältnissen.

§ 10.

Ausführlichere Beantwortung der Fragen des § 1 auf Grund der Versuche.

Zu 1. Die de Lavalsche Dampfturbine ist bis jetzt (Anfang 1902) als einzige unter den in die Praxis eingeführten Bauarten imstande, die höchsten Ueberhitzungsgrade zu ertragen. Bei den Versuchen bis 500° zeigte sich an der Turbine durchaus keine Betriebstörung. Insbesondere war nicht zu bemerken, daß die Radwellenlager warm gingen, da sie gar nicht mit dem heißen Dampf in Berührung kommen, sondern nur mit dem entspannten und demnach wesentlich abgekühlten Dampf. Hier ist lediglich als Schmiermittel für die Wellenlager und Stopfbüchsen sogenanntes Heißdampf-Zylinderöl zu verwenden. Ein Mehrverbrauch an Schmierstoff ist bei den hohen Dampftemperaturen nicht zu be-

Zahlentafel 20. 11. Oktober 1900.

Versuche mit 2 kleinen Düsen; überhitzter Dampf; Leerlauf bis 6 kg Ueberdruck.

erweitert Nr. 3 und 8 für 6 kg richtig. verengt Nr. 2 und 5.

$d_{m3} = 8{,}33$ mm, $F_{m3} = 54{,}5$ qmm. $d_{m2} = 8{,}55$ mm, $F_{m2} = 57{,}4$ qmm.

$d_{m8} = 8{,}31$ mm, $F_{m8} = 54{,}3$ qmm. $d_{m5} = 8{,}23$ mm, $F_{m5} = 53{,}1$ qmm.

		am 27. September					am 27. September				
Kesselüberdruck p_u	kg	1,96	2,97	3,97	4,96	5,95	1,96	2,97	3,97	4,96	5,95
Barometerstand b	mm Q.-S.	748,1	748,1	748,1	748,1	748,1	748,1	748,1	748,1	748,1	748,1
atmosphärischer Druck p_b	kg/qcm	1,017	1,017	1,017	1,017	1,017	1,017	1,017	1,917	1,017	1,017
abs. Druck vor der Turbine p_1	»	2,977	3,987	4,987	5,977	6,967	2,977	4,987	4,887	5,977	6,967
Dampftemp. vor der Turbine t_1	°C	400,1	397	395,5	395,5	402,5	394,7	396	395,5	394,3	398,2
» im Auspuff t_0	»	320	302,6	295	284	301,5	301	300,8	298,5	290,5	304
» » » berechn. t_a	»	241,6	203,2	176,2	156,3	144,5	237,5	202,4	176,2	155,6	141,9
Differenz $t_1 - t_0$	»	80,1	94,4	100,5	111,5	101,0	93,7	95,2	97,0	103,8	94,2
mittlere Umlaufzahl n		2002	1983	1999	1991	2029	2027	2008	2001	2004	1984
Umfangsgeschwindigkeit u	m/sk	209,6	207,6	209,3	208,5	212,4	212,2	210,2	209,5	209,8	207,7
Bremsbelastung P	kg	0,7	3,7	7,1	10,5	13,7	2,1	4,6	7,1	9,5	12,0
gebremste Leistung N_{e1}	PS	1,179	6,171	11,936	17,582	23,377	3,580	7,768	11,948	16,011	20,023
zusätzliche Bremsarbeit N_{i2}	»	0,037	0,039	0,043	0,047	0,051	0,039	0,041	0,043	0,046	0,048
effektive Leistung N_e	»	1,22	6,21	11,98	17,63	23,43	3,62	7,81	11,99	16,06	20,07
Dampfverbrauch pro st G_h	kg	150	196	244	293	334	142	186	232	279	321
» » PSe-st D_e	»	123,0	31,56	20,37	16,62	14,26	39,23	23,82	19,35	17,37	15,99
Verhältnis $\frac{G}{F_m}$ beobachtet		383	500	623	748	853	357	468	583	701	807
Verhältnis $\frac{G}{F_m}$ berechnet		352	474	596	715	831	354	475	596	716	833
Quotient U		1,088	1,005	1,045	1,046	1,026	1,008	0,985	0,978	0,979	0,969
Gesamtwärme λ_1	WE	775,35	772,09	769,93	768,73	771,03	772,76	771,61	769,93	768,15	768,97
» pro st Q_1	»	116 303	151 330	187 863	225 238	257 524	109 732	143 519	178 624	214 314	246 394
Verhältnis $\frac{Q_1}{N_e}$		95 330	24 369	15 681	12 776	10 991	30 313	18 376	14 898	13 345	12 277
thermischer Wirkungsgrad η_{te}	vH	0,668	2,61	4,06	4,99	5,80	2,10	3,47	4,28	4,77	5,19
durch Regener. zurückgewon. $\frac{Q_r}{N_e}$	WE	12 989	3069	1907	1468	1379	3785	2296	1844	1588	1566
therm. Wirkungsgr. b. Regener. η_{sr}	vH	0,774	2,99	4,62	5,63	6,63	2,40	3,96	4,88	5,42	5,95
H_d	mkg	29 908	36 348	40 916	44 416	47 776	29 652	36 288	40 916	44 328	47 444
H_i	»	13 944	16 088	16 708	18 408	15 788	16 704	16 248	15 996	16 844	14 416
N_d	PS	16,62	26,38	36,98	48,20	59,10	15,59	25,00	35,16	45,81	56,41
N_i'	»	7,75	11,68	15,10	19,98	19,53	8,79	11,19	13,74	17,41	17,14
Leerlaufarbeit N_l	»	3,05	3,14	3,18	3,23	3,14	3,14	3,14	3,16	3,20	3,13
Zusatzarbeit N_z	»	0,02	0,12	0,22	0,32	0,42	0,07	0,14	0,22	0,29	0,36
indizierte Arbeit N_i	»	4,29	9,47	15,38	21,18	26,99	6,83	11,09	15,37	19,55	23,56
Gesamtwirkungsgrad η		0,073	0,235	0,324	0,366	0,396	0,232	0,312	0.341	0,355	0,354

Bemerkungen: Austrittsthermometer ohne Schutzrohr.

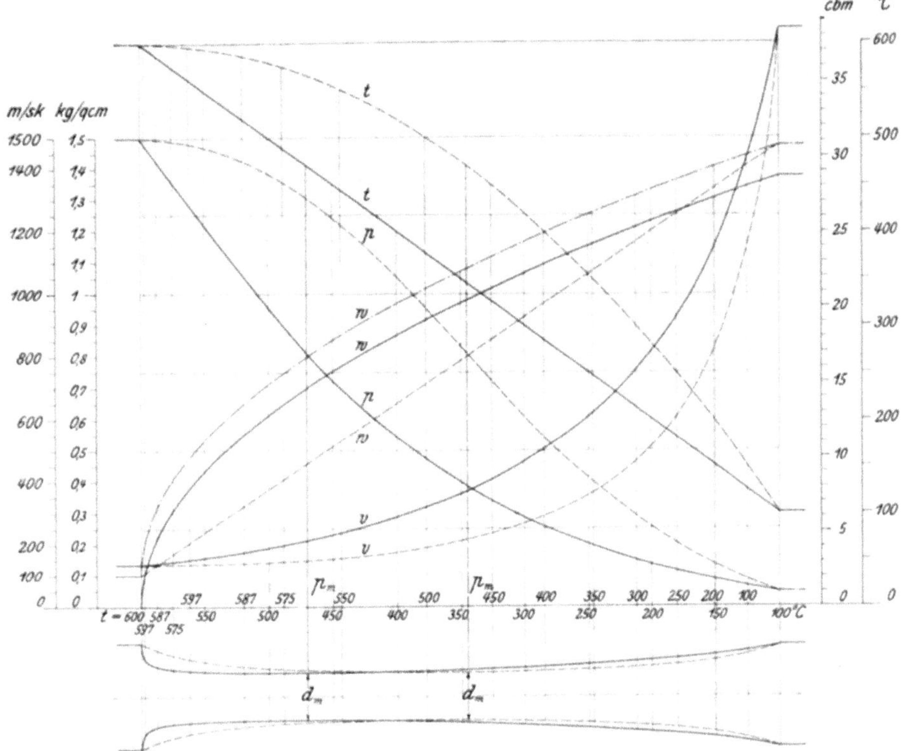

Diagramm 21.
Theoretische Form der Laval-Düse für Niederdruck-Kondensationsbetrieb bei 600° Dampftemperatur (adiabatische Expansion vorausgesetzt),
——— konstante Temperaturabnahme, — — — konstante Geschwindigkeitszunahme,
unter Annahme, dafs der Dampf bereits mit 100 m Geschwindigkeit an die Düse kommt.

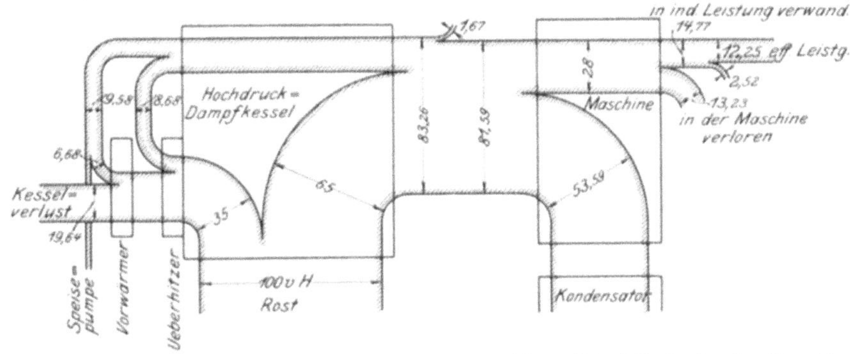

Diagramm 22. Wärmeplan für Heifsdampf-Kolbenmaschinen (Schmidt'sche Tandem-Bauart).

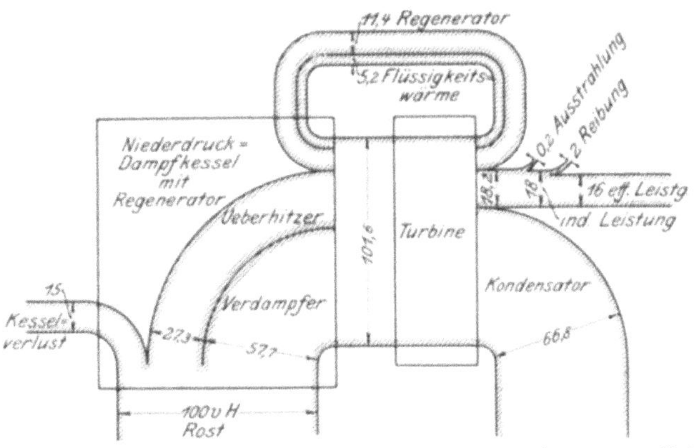

Diagramm 23. Wärmeplan für Dampfturbinen-Heifsdampfbetrieb nach D. R.-P. 129182.

merken gewesen. Als besonders günstig für den Turbinenbetrieb ist an dieser Stelle noch hervorzuheben, daß sich infolge der Konstruktion der Lager und Stopfbüchsen, die verhältnismäßig lang ausgeführt sind, so gut wie gar kein Schmieröl im Abdampf und mithin im Kondensat vorfindet, weshalb man letzteres ohne weiteres zum Kesselspeisen benutzen kann. Das ist bekanntlich bei Kolbenmaschinen nicht der Fall und hat zu umständlichen und bis heute nur unvollkommen durchgeführten Einrichtungen zum Abscheiden des Oeles geführt.

Dagegen müssen der verschiedenen Ausdehnungskoeffizienten wegen bei hoher Ueberhitzung die Düsen und ihre Absperrventile nicht aus Rotguß (Bronze), sondern aus Eisen hergestellt werden, was technisch keine Schwie-

Zahlen-

Versuche mit 3 Düsen; überhitzter

erweitert Nr. 3, 8 und 6 alle für 6 kg richtig

d_{m3} = 8,33 mm, F_{m3} = 54,5 qmm
d_{m8} = 8,31 » F_{m8} = 54,3 »
d_{m6} = 11,77 » F_{m6} = 108,9 »
} gültig für Versuche vor dem 15 Dezember 1900.

d_{m3} = 8,33 mm, F_{m3} = 54,5 qmm
d_{m8} = 8,31 » F_{m8} = 54,3 »
d_{m6} = 11,69 » F_{m6} = 107,3 «
} gültig für Versuche nach dem 15. Dezember 1900.

		4. Okt.	28. September		28. Dezember		
Kesselüberdruck $p_{ü}$	kg	0,90	1,96	2,97	3,97	4,96	5,90
Barometerstand b	mm Q.-S.	757,1	749,2	749,2	737,2	737,2	737,2
atmosphär'scher Druck p_b .	kg/qcm	1,029	1,019	1,019	1,002	1,002	1,002
abs. Druck vor der Turbine p_1 .	»	1,929	2,979	3,989	4,972	5,962	6,902
Dampftemp. vor der Turbine p_1	°C	413,0	433,8	442,0	407,5	401,5	393,5
» im Auspuff t_0 . . .	»	314,6	347	349	321	307	299
» » » berechn. t_a	»	318,2	267,5	235,3	183,9	158,8	138,4
Differenz $t_1 - t_0$	»	98,4	86,8	930	86,5	94,5	94,5
» $t_1 - t_0$	»	99,8	166,3	206,7	224,5	242,7	255,1
mittlere Umlaufzahl n . . .		2021	2005	2047	1992	1996	2055
Umfangsgeschwindigkeit u . .	m/sk	211,6	209,9	214,3	208,6	209,0	215,2
Bremsbelastung P.	kg	0	4,65	9,7	17	23	28,5
gebremste Leistung N_{e1} . . .	PS	0	7,841	16,699	27,938	37,874	48,319
zusätzliche Bremsarbeit N_{e2} .	»	0	0,041	0,047	0,050	0,057	0,064
effektive Leistung N_e . . .	»	0	7,88	16,75	27,99	37,93	48,38
Dampfverbrauch pro st G_h . .	kg	182	275	358	448	538	593
» » PSe-st D_e	»	∞	34,90	21,37	16,01	14,18	12,26
Verhältnis $\frac{G}{F_m}$ beobachtet .		232	351	457	576	692	762
Verhältnis $\frac{G}{F_m}$ berechnet . .		225	343	458	588	710	829
Quotient C		1,031	1.023	0,998	0,980	0,975	0,919
Gesamtwärme λ_1	WE	784,01	791,53	793,68	775,71	771,62	766,77
» pro st Q_1 . . .	»	142 690	217 671	284 137	347 518	415 132	454 695
Verhältnis $\frac{Q_1}{N_e}$		—	27 623	16 963	12 416	10 945	93 98
thermischer Wirkungsgrad η_{te} .	vH	—	2,31	3,76	5.13	5,82	6,78
durch Regener. zurückgewon. $\frac{Q_r}{N_e}$	WE	—	4138	2554	1698	1409	117
therm. Wirkungsgr. b. Regener η_{tr}	vH	—	2,71	4,42	5,94	6,68	7,74
Ha	mkg	19 000	31 492	38 960	41 948	45 112	47 200
Hi	»	18 724	15 300	15 796	13 828	14 924	14 476
Na	PS	12,81	32,08	51,66	69,60	89,89	103,67
Ni'	»	12,62	15,58	20,94	22,94	29,74	31,79
Leerlaufarbeit N_l	»	3,08	2,92	2,90	3,04	3,12	3,16
Zusatzarbeit N_z	»	0	0,14	0,30	0,50	0,68	0,87
indizierte Arbeit N_i	»	3,08	10,94	19,95	31,53	41,73	52,41
Gesamtwirkungsgrad η . . .		—	0,246	0,324	0,402	0,422	0,466

Bemerkungen: Diese Versuchsreihe wurde teilweise wiederholt nach Fertigstellung des rigkeiten bereitet. Die ursprünglich aus Rotguß hergestellten Düsen der Versuchsturbine wurden in ihren Sitzen bald nach Einführung des Heißdampfbetriebes locker, was einmal zu Undichtheiten, dann aber auch zu der Gefahr des zu weiten Eindringens in das Radgehäuse und somit zu Zusammenstößen mit dem Rade führen kann. Ein derartiger Fall war auch einmal eingetreten; es machte sich aber das Schürfen der Düse am umlaufenden Rade durch auffallendes Geräusch sofort bemerkbar, so daß, abgesehen von einer kleinen Abschleifung des Düsenendes, kein Schaden an der Turbine entstand.

Von verschiedenen Seiten ist bereits betont worden[1]), daß Nässe, welche

[1]) Vergl. R. Thurston a. a. O.

tafel 21. 13. Oktober 1900.

Dampf; Leerlauf bis 6 kg Ueberdruck.

verengt Nr. 2, 5 und 7.

$d_{m2} = 8,55$ mm, $F_{m2} = 57,4$ qmm
$d_{m5} = 8,23$ » $F_{m5} = 53,1$ »
$d_{m7} = 12,27$ » $F_{m7} = 118,2$ »
} gültig für Versuche vor dem 15. Dezember 1903.

$d_{m2} = 8,48$ mm, $F_{m2} = 56,4$ qmm
$d_{m5} = 8.48$ » $F_{m5} = 56,4$ »
$d_{m7} = 12,41$ » $F_{m7} = 112,9$ »
} gültig für Versuche nach dem 15. Dezember 1900.

4. Oktober	28. September	28. Dezember	29. Dezember	28. Dezember	22. Dezember
0,544	1,96	2,97	3,97	4,96	5,95
157,1	749,2	737,2	737,6	737,2	754,3
1,029	1,019	1,002	1,003	1,002	1,026
1,573	2,979	3,972	4.973	5 962	6.976
398,8	450	427	423,3	427,5	447
307,7	347	329	320	345	355,5
331,2	279,9	223,1	193,6	175,5	172.8
91,1	103	98	103,3	82,5	91,5
67,6	170,1	203,9	229,7	252,0	274.2
20 23	2002	2023	2034	2000	1983
211,8	209,6	211,8	213,0	209,4	207,6
0	7,4	12,7	17,5	22,5	27
0	12,459	21,197	29,367	37,125	44,181
0	0,044	0,047	0,052	0,056	0,060
0	12,50	21,54	29,42	37,18	44,24
147	277	369	464	538	603
∞	22,16	17,13	15,77	14,47	13,63
179	336	438	551	639	716
180	339	461	581	695	803
0,994	0,991	0,950	0,948	0,919	0,892
778,29	799,30	786,51	783,56	784,10	792,38
114 409	221 406	290 222	363 572	421 846	477 805
—	17 712	13 474	12 358	11 346	10 800
—	3,60	4,73	5,15	5,61	5,90
—	2627	1883	1665	1702	1669
—	4,22	5,50	5,96	6,61	6,98
12 908	32 272	38 372	43 004	47 008	51 088
17 692	18 612	16 796	17 252	12 480	13 876
7,03	33,11	52 41	73,90	93,67	114,10
9,63	19,09	22.95	29,64	24,87	30.99
3,16	2,92	3,00	3,05	2.92	2,88
0	0,23	0,39	0,53	0,67	0,80
3,16	25,65	24,93	33,00	40,77	47,92
—	0,377	0,411	0,398	0,397	0,388

neuen Ueberhitzers, d. h. nach dem 22. Dezember 1900.

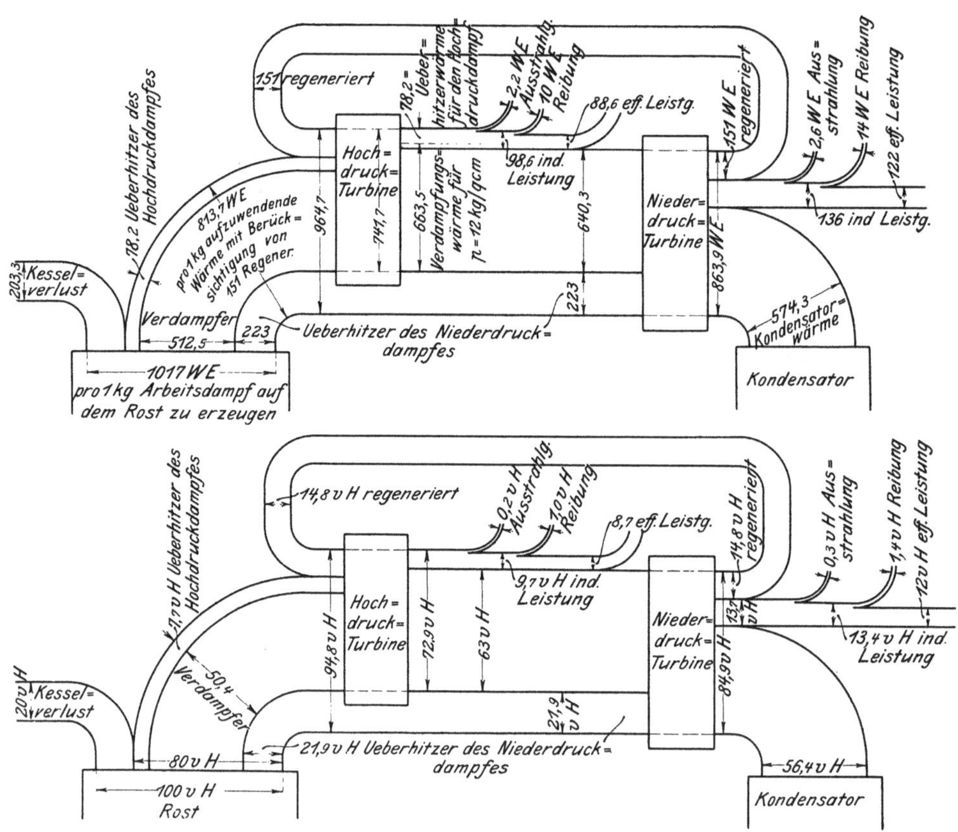

Diagramm 24 und 25.
Wärmepläne für Dampfturbinen-Heissdampfbetrieb nach D. R.-P. 129182. Diagramm 24, dargestellt in WE, Diagramm 25, dargestellt in vH.

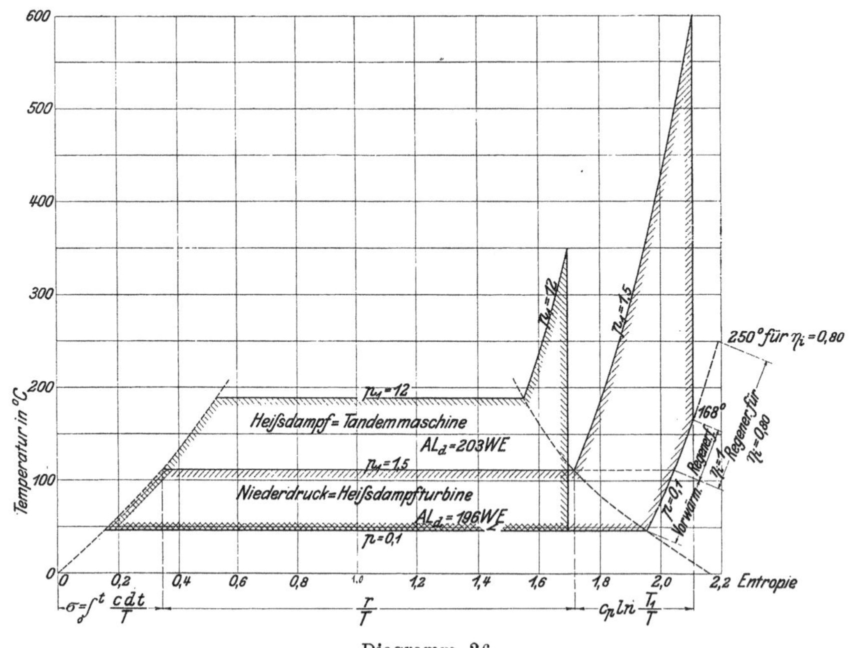

Diagramm 26.
Wärmediagramm.

mit dem Dampf in das Rad gelangt, die Schaufeln viel rascher abnutzt als trockner Dampf. Bei meinen zahlreichen Versuchen, meist mit überhitztem Dampf, ist von Abnutzung der Radschaufeln nicht das Geringste zu bemerken gewesen. Ob nun diese Abnutzung bei feuchtem Dampf den im Dampf mitgeführten festen Bestandteilen (Kesselstein) zuzuschreiben ist,oder ob es chemische

Zahlentafel 22.

2 Versuche mit 3 erweiterten Düsen bei rd. 7 kg/qcm abs. Druck.

d_{m1} = 8,41 mm, F_{m1} = 55,5 qmm d_{m3} = 8,33 mm, F_{m3} = 54,5 qmm
d_{m4} = 8,01 » F_{m4} = 40,4 » d_{m8} = 8,31 » F_{m8} = 54,3 »
d_{m6} = 11,75 » F_{m6} = 108,5 » d_{m6} = 11,69 » F_{m6} = 107,3 »

		Düsen Nr.	
		1, 4 und 6 gesättigter Dampf	3, 8 und 6a überhitzter Dampf 3. April 1901
Barometerstand b	mm Q.-S.	749,3	757,3
atmosphärischer Druck p_b	kg/qcm	1,019	1,030
Ueberdruck vor der Turbine p_u	»	5,95	5,95
absoluter Druck vor der Turbine p_1	»	6,969	6,980
Dampftemperatur » » » t_1	°C	—	499,6
» im Auspuff t	»	—	343
» » » berechnet t'	»	—	205,8
Differenz $t - t'$	»	—	137,2
» $t_1 - t$	»	—	156,6
» $t_1 - t'$	»	—	293,8
mittlere Umlaufzahl n		2014	2096
Umfangsgeschwindigkeit u	m/sk	210,9	219,5
Bremsbelastung P	kg	26,0	30,0
Bremsleistung N_e	PS	44,10	51,94
Dampfverbrauch pro st G_h	kg	780	597
» » PSe-st D_e	»	17,69	11,49
Verhältnis $\frac{G}{F_m}$ beobachtet		10 11	767
Verhältnis $\frac{G}{F_m}$ berechnet		10 03	773
Quotient C		1,008	0,992
Gesamtwärme λ_1	WE	656,47	817,62
» verbrauch $\frac{Q_1}{N_e}$	»	11 611	93 98
» des Abgangsdampfes $\frac{Q}{N_e}$	»	—	86 63
Wärmeverbrauch pro PSe-st $\frac{Q_1 - Q}{N_e}$	»	—	735
durch Regener. zurückgewonnen pro PSe-st $\frac{Q_r}{N_e}$	»	—	13 41
Wärmeersparnis gegen gesättigten Dampf	»	—	22 13
desgl in	vH	—	19,1
Wärmeersparnis geg. gesätt. Dampf b. Regen.	WE	—	3555
desgl. in	vH	—	30,6
verfügbare Strömenergie H_a	mkg	33 170	55 080
umgesetzte » H_i	»	—	27 132
im Dampf verfügbare Arbeit N_a	PS	95,82	121,79
indizierte Arbeit, nach t berechnet N_i'	»	—	59,99
Leerlaufarbeit N_l	»	5,53	2,93
Zusatzarbeit N_z	»	0,79	0,93
indizierte Arbeit N_i	»	50,42	55,80
thermischer Wirkungsgrad η_{te}	vH	5,49	6,78
» » bei Regen. $\eta_{te\ eg.}$	»	—	7,91
indizierter Wirkungsgrad η_i	»	52,6	45,8
mechanischer » η_m	»	87,5	93,1
Gesamtwirkungsgrad $\eta = \eta_i \cdot \eta_m$	»	46,0	42,6

Einflüsse sind, welche bei Abwesenheit von Wasser wegfallen, dürfte noch nicht entschieden sein. Die vorliegenden Versuche sind nach dieser Richtung jedenfalls nicht entscheidend. Das Rad der Versuchsturbine hat jetzt einen mattglänzenden Oxydüberzug, und die Schaufeln sind, wie schon erwähnt, völlig unverändert geblieben. Auch die Düsen sind durch den Dampf bis jetzt nicht erweitert worden, sondern zeigen noch heute die beim Ausweiten mit der konischen Reibahle entstandenen, senkrecht zur Achse liegenden feinen Riefen.

Es liegt demnach kein Hindernis vor, die de Laval-Turbine mit Dampf von den höchsten praktisch erreichbaren Ueberhitzungsgraden zu betreiben, wenn man nur die mit dem heißen Dampf in Berührung kommenden Teile aus Eisen oder Stahl herstellt[1]). Daß man, um die Abdampfwärme auszunutzen und

[1]) Dazu gehört außer dem Absperrventilkegel nebst Sitz auch das Dampf-Drosselventil mit seinem Regulierhebel.

Zahlentafel 23.

Vergleichsversuche bei $p_1 = 7$ kg/qcm, $t_1 = 330^0$ C.
$d_{m3} = 8{,}33$ mm, $F_{m3} = 54{,}5$ qmm. $d_{m8} = 8{,}31$ mm, $F_{m8} = 54{,}3$ qmm,
$d_{m7a} = 12{,}4$ mm, $F_{m7a} = 120{,}9$ qmm. Auspuffbetrieb.

Versuch am 13. August 1901		2 kleine erweiterte Düsen Nr. 3 und 8	1 große verengte Düse Nr. 7a
Barometerstand b	mm Q.-S.	751,8	751,8
atmosphärischer Druck p_b	kg/qcm	1,022	1,022
Dampfüberdruck an der Turbine p_a	»	5,95	5,95
absoluter Dampfdruck an der Turbine p_1	»	6,972	6,972
Dampftemperatur vor der Turbine t_1	^{0}C	326	336
» im Auspuff t	»	202	228
» » » berechnet t'	»	99,7	103
Differenz $t - t'$	»	102,3	125
» $t_1 - t$	»	124	88
» $t_1 - t'$	»	226,3	233
mittlere Umlaufzahl n		19 90	19 96
Umfangsgeschwindigkeit u	m/sk	208,4	209,0
Bremsbelastung P	kg	14,2	11,7
Bremsleistung N_e	PS	23,36	19,31
Dampfverbrauch pro st G_h	kg	349	382
» » PSe-st D_e	»	14,94	19,78
Verhältnis $\frac{G}{F_m}$ berechnet		888	880
Gesamtwärme, Eintritt λ_1	WE	734	739
» , Austritt λ	»	686	699
» verbrauch $\frac{Q_1}{N_e}$	»	10 966	14 617
» des Abgangsdampfes $\frac{Q}{N_e}$	»	10 249	13 826
Wärmeverbrauch pro PSe-st $\frac{Q_1 - Q}{N_e}$	»	717	791
verfügbare Strömenergie H_d	mkg	41 764	42 612[1])
umgesetzte » H_i	»	20 352	16 960
im Dampf verfügbare Arbeit N_d	PS	53,98	60,29
indizierte Arbeit, nach t berechnet N_i'	»	26,31	24,00
Leerlaufarbeit N_l	»	3,68	3,52
Zusatzareeit N_z	»	0,42	0,35
indizierte Arbeit N_i	»	27,42	23,18
thermischer Wirkungsgrad η_{ter}	vH	5,81	4,36
indizierter » η_i		0,509	0,384
mechanischer » η_m		0,851	0,833
Gesamtwirkungsgrad $\eta = \eta_i \cdot \eta_m$		0,433	0,320

[1]) Der Wert H_d ist unter Annahme voller Expansion bis auf den Gegendruck p berechnet, was bei dieser Düsenform dicht hinter der Mündung noch nicht eingetreten ist. Vergleiche hierzu S. 76 Fig. 19 und die Bemerkung unter § 10 S. 77 unter c.

wiederzugewinnen, das Turbinengehäuse vorzüglich gegen äußere Abkühlung schützen muß, ist selbstverständlich und unterliegt keinen besonderen Schwierigkeiten. Was endlich die Festigkeitsverhältnisse anlangt, so ist bekanntlich bei Stahl eine Erwärmung auf 300° für die Festigkeit von keinem Nachteil (das Rad erhält den Dampf bis auf mindestens 300° abgekühlt), und ferner ist für den Betrieb mit den höchsten Ueberhitzungsgraden die Anwendung niedriger Dampfspannungen gestattet, wenn man regeneriert.

Die de Laval-Turbine hat zwar in ihrem Eintrittstutzen oberhalb des Drosselventiles ein Metallsieb. Doch würde ich vorschlagen, wie dies schon bei Heißdampf-Kolbenmaschinen geschieht, in die Dampfzuleitung einen nicht zu kleinen Wasserabscheider einzubauen, der neben seinem ursprünglichen Zweck (Wasserabscheidung beim Anlassen der Maschine) noch den erfüllen soll, Zunder, der sich etwa durch die hohe Temperatur von den Innenwänden der Leitung loslöst, zurückzuhalten.

Zu 2 und 4. Die wichtige Frage der Dampf- und Wärmeausnutzung beim

Zahlentafel 24.

Leistungswerte bei steigender Temperatur; Auspuff; 2 verengte Düsen Nr. 2a und 5a. Versuch vom 20. und 21. März 1901.

$d_{m2a} = 8{,}48$ mm, $d_{m5a} = 8{,}48$ mm, $F_m = 56{,}4$ qmm.

		$b = 749{,}5$, $p_u = 2{,}97$, $p_b = 1{,}019$, $p_1 = 3{,}989$ kg										
		1	2	3	4	5	6	7	8	9	10	11
Dampftemperatur vor der Turbine t_1	°C	180	185	218	243	258	271	285	304	319	325	344
» im Auspuff t . .	»	105	110	123	141	153	163	177	194	208	214	234
» » » berech. t'	»	99,6	99,6	99,6	99,6	105	114	124	137	148	152	166
Differenz im Auspuff $t - t'$ . . .	»	5,4	10,4	23,4	41,4	48	49	53	57	60	62	68
» $t_1 - t$	»	75	75	95	102	105	108	108	110	111	111	110
» $t_1 - t'$	»	80,4	85,4	118,4	143,4	153	157	161	167	171	173	178
mittlere Umlaufzahl n		1874	2011	1890	1944	2007	1953	1999	2039	1944	1946	1994
Umfangsgeschwindigkeit u . . .	m/sk	196,2	210,6	197,9	203,5	210,1	204,5	209,3	213,5	203,5	203,7	208,8
Bremsbelastung P	kg	4	4	4,2	4,2	4,3	4,4	4,4	4,5	4,7	4,7	4,7
Bremsleistung N_e	PS	6,22	6,67	6,58	6,77	7,16	7,13	7,29	7,61	7,58	7,58	7,77
Dampfverbrauch pro st G_h . . .	kg	235	237	226	224	218	215	212	210	207	205	201
» » PSe-st D_e .	»	37,81	35,47	34,38	33,07	30,38	30,10	29,11	27,63	27,24	27,02	25,87
Verhältnis $\frac{G}{F_m}$ beobachtet . . .		579	582	557	551	535	528	522	517	508	504	495
Verhältnis $\frac{G}{F_m}$ berechnet . . .		588	586	563	548	539	532	525	515	508	505	496
Quotient C		0,984	0,993	0,989	1,004	0,993	0,992	0,994	1,004	1,000	0 998	0,998
Gesamtwärme, Eintritt λ_1 . . .	WE	668	670	686	698	706	711	718	782	734	737	746
» , Austritt λ	»	640	642	648	657	663	667	674	682	689	692	701
» verbrauch $\frac{Q_1}{N_e}$ . . .	»	25257	23765	23585	23083	21448	21103	20901	20115	19994	19914	19299
» d.Abgansdampfes $\frac{Q}{N_e}$.	»	24198	22772	22278	21727	20142	20077	19620	18844	18768	18698	18135
Wärmeverbrauch pro PS_e-st $\frac{Q_1 - Q}{N_e}$	»	1059	993	1307	1356	1306	1026	1281	1271	1226	1216	1161
verfügbare Strömenergie H_d . .	mkg	24170	24380	25860	27140	27980	28620	29570	30630	31480	31910	32970
umgesetzte » H_i . . .	»	11870	11870	16110	17490	18130	18660	18870	19190	19230	19290	19290
im Dampf verfügbare Arbeit N_d .	PS	21,04	21,40	21,65	22,52	22,59	22,79	2322	23,82	24,13	24 23	21,54
indizierte Arbeit, nach t berechn. N_i'	»	10,33	10,42	13,48	14,51	14,64	14,86	14,82	14,93	14,74	14,65	14,36
Leerlaufarbeit N_l	»	4,36	4.31	4,19	4,05	3,97	3,91	3,82	3,72	3,64	3 60	3,49
Zusatzarbeit N_z	»	0,11	0,12	0,12	0,12	0,13	0,13	0,13	0,14	0,14	0,11	0,14
indiz. Arbeit (nach $N_e + N_l + N_z$) N_i	»	10,69	11,10	10,79	10,94	11,26	11,17	11,24	11,47	11,36	11,32	11 40
thermischer Wirkungsgrad η_{te} . .	vH	2,52	2,68	2,70	2,76	2,97	3,02	3,05	3,17	3,19	3,20	3,30
indizierter » η_i . .		0,508	0,519	0,498	0,486	0,498	0,490	0,484	0,482	0,474	0,467	0,465
mechanischer » η_m . .		0,582	0,601	0,610	0,619	0,634	0,638	0,649	4,663	0,667	0,670	0,682
Gesamtwirkungsgrad $\eta = \eta_i \cdot \eta_m$.		0,296	0,312	0,304	0,301	0,317	0,313	0,314	0,319	0,314	0,313	0.317

Zahlen-

Leistungsversuche bei steigender Temperatur;

$d_{m3} = 8{,}33$ mm, $F_{m3} = 54{,}5$ qmm,

		Versuch vom 25. September 1900 $p_1 = 6{,}969$ Düsen Nr. 1 und 4	$b = 757{,}3$ mm		
			1	2	3
Dampftemperatur vor der Turbine t_1	°C	163,9	197	239,5	255,5
» im Auspuff t	»	100	109,5	114,5	125,5
» » » berechnet t'	»	100	99,9	99,9	99,9
Differenz $t - t'$	»	0	9,6	14,6	25,6
» $t_1 - t$	»	63,9	87,5	125,0	130,0
» $t_1 - t'$	»	63,9	97,1	139,6	155,6
mittlere Umlaufzahl n		2032	1959	1981	2009
Umfangsgeschwindigkeit u	m/sk	212,8	205,1	207,4	210,3
Bremsbelastung P	kg	11,2	13,0	13,2	13,2
Bremsleistung N_e	PS	19,14	21,06	21,62	21,92
Dampfverbrauch pro st, berechnet G_h	kg	387	400	380	374
» » PS_e st » D_e	»	20,17	18,99	17,58	17,06
Verhältnis $\frac{G}{F_m}$ berechnet		—	1020	971	954
Gesamtwärme, Eintritt λ_1	WE	656,5	672,4	692,8	700,5
» , Austritt λ	»	—	—	644,4	649,5
» verbrauch pro PS_e-st $\frac{Q_1}{N_e}$	»	13 239	12 771	12 177	11 952
» des Abgangsdampfes pro PS_e-st $\frac{Q}{N_e}$	»	—	—	11 326	11 082
Wärmeverbrauch pro PS_e-st $\frac{Q_1}{N_e} - \frac{Q}{N_e}$	»	—	—	851	870
durch Regeneration zurückgewonnen pro PS_e-st $\frac{Q_r}{N_e}$	»	0	87	122	209
Wärmeersparnis gegen gesättigten Dampf	»	—	468	1062	1287
desgl. in	vH	—	3,54	8,02	9,72
Wärmeersparnis gegen gesätt. Dampf bei Regener.	WE	—	555	11,84	1496
desgl. in	vH	—	4,19	8,04	11,30
verfügbare Strömenergie H_d	m/kg	33 170	33 710	35 830	36 760
umgesetzte » H_i	»	—	—	20 500	21 670
im Dampf verfügbare Arbeit N_d	PS	46,80	49,94	50,43	50,92
indizierte Arbeit, nach t berechnet N_i'	»	—	—	28,85	30,02
Leerlaufarbeit N_l	»	5,53	4,30	4,26	4,17
Zusatzarbeit N_z	»	0,35	0,38	0,39	0,39
indizierte Arbeit N_i	»	25,02	25,74	26,27	26,48
thermischer Wirkungsgrad η_{te}	vH	4,81	4,99	5,23	5,33
» » bei Regener. η_{ter}	»	—	5,02	5,28	5,42
indizierter » η_i		0,535	0,515	0,521	0,520
mechanischer » η_m		0,765	0,818	0,823	0,828
Gesamt- » $\eta = \eta_i \cdot \eta_m$		0,409	0,422	0,429	0,430

Heißdampfbetrieb der Turbine ist in § 1 in einem für den Heißdampf günstigen Sinne beantwortet worden und soll hier etwas eingehender erörtert werden. Die Versuche haben gezeigt, daß bei der de Laval-Turbine der Brutto-Wärmeverbrauch für 1 PS-st mit steigender Ueberhitzung fortwährend sinkt. Als Beleg hierfür dienen die in Zahlentafel 24 bis 28 und durch die Diagramme 16 und 17 wiedergegebenen Versuche. Es muß hier gleich hinzugefügt werden, daß diese Abnahme des Brutto-Wärmeverbrauchs eintritt, obwohl mit zunehmender Ueberhitzung bei gleichbleibendem Druckverhältnis die Dampfgeschwindigkeit w steigt, mithin der indizierte Wirkungsgrad η_i der Turbine[1]) bei gleichbleibender

[1]) Die Versuchsturbine hat bei 2000 Uml./min der Vorgelegewelle eine (normale) Umfangsgeschwindigkeit am Rade von 210 m. Nach mir kürzlich zugegangenen Mitteilungen der Aktie-

tafel 25.
Auspuff; 2 erweiterte Düsen Nr. 3 und 8.
$d_{m8} = 8{,}31$ mm, $F_{m8} = 54{,}3$ qmm. Versuch vom 3. April 1901.

$p_u = 5{,}95$ kg, $p_b = 1{,}030$ kg, $p_1 = 6{,}980$ kg

4	5	6	7	8	9	10	11	12
276,5	311,5	326,5	373,0	384,2	423,5	440	456,0	460,1
142,0	168,5	181,5	227,0	239,7	272	286	302	309,2
99,9	99,9	99,9	127,4	134,3	158,7	168,9	178,8	181,4
42,1	68,6	81,6	99,6	105,4	113,3	117,1	123,2	127,8
134,5	143,0	145,0	146,0	144,5	151,5	154,0	154,0	150,9
176,6	211,6	226,6	245,6	249,9	264,8	271,1	277,2	278,7
2011	2018	1998	1992	197,8	2017	1977	1966	2005
210,6	211,3	209,2	208,6	207,1	211,2	207,0	205,8	209,9
13,5	13,7	13,9	14,3	14,4	14,5	14,7	14,8	14,8
22,45	22,86	22,96	23,55	23,55	24,18	24,02	24,05	24,53
365	353	348	334	331	320	316	313	312
16,26	15,44	15,16	14,18	14,06	13,23	13,16	13,01	12,72
933	902	889	853	845	818	808	798	796
710,5	727,3	734,5	756,9	762,2	781,1	789,0	796,7	798,7
657,2	670,3	676,0	698,3	704,3	719,5	726,2	733,8	737,4
11 552	11 231	11 133	10 735	10 713	10 337	10 380	10 369	10 159
10 685	10 351	10 246	9904	9899	9522	9554	9550	9379
867	889	887	831	814	815	826	819	780
328	508	593	864	943	1092	1175	1261	1277
1687	2008	2106	2504	2526	2902	2859	2870	3080
12,74	15,17	1591	18 91	19,08	21,92	21,61	21,68	23,26
2015	2516	2699	3368	3469	3994	4034	4131	4357
15,22	19,00	20,39	25,44	26,20	30,17	30,47	31,20	32,91
38 050	40 490	41 550	45 160	46 110	49 080	50 350	51 520	51 940
22 510	24 270	24 590	24 910	24 630	26 030	26 500	26 500	26 080
51,44	5294	53,55	55,86	5653	58,17	58,93	59,73	60,02
30,43	31,73	31,69	30,81	30,19	30,85	31,01	30,72	30,14
4,04	3,86	3,79	3,53	3,46	3,29	3,22	3,14	3,10
0,40	0,41	0,41	0,42	0,42	0,44	0,43	0,43	0,44
26,89	27,13	27,16	27,50	28,43	27,91	27,67	27,62	28,07
5,51	5,67	5,72	5,93	5,95	6,16	6,14	6,14	6,27
5,68	5,94	6,04	6,45	6,52	6,89	6,92	6,99	7,17
0,523	0,512	0,507	0,492	0,503	0,480	0,470	0,462	0,468
0,835	0,843	0,845	0.856	0,828	0,866	0,868	0,871	0,873
0,436	0,432	0,429	0,417	0,417	0,416	0,408	0,403	0,409

Umlaufzahl sinken muß. Dieser sehr bemerkenswerte Umstand wird durch die Ergebnisse erklärt, welche gezeigt haben, daß die Leerlaufarbeit, d. h. insbesondere der Radwiderstand, mit steigender Ueberhitzung sinkt (vergl Zahlentafel 12 und Diagramme 7 und 8). Bei der hohen Umlaufgeschwindigkeit ist es nämlich sehr wesentlich, daß der im Radgehäuse befindliche Stoff möglichst dünn sei, was einmal durch gutes Vakuum, dann aber ganz besonders durch hohe Ueberhitzung erreicht wird. Auf diese Versuche komme ich bei Besprechung der Frage 3 zurück.

bolaget de Lavals Angturbin in Stockholm werden jetzt bei den größeren Turbinen bereits Umfangsgeschwindigkeiten von 420 m ohne Bedenken angewendet, was natürlich den Wirkungsgrad η_i wesentlich verbessert und wobei der Nutzen des hochüberhitzten Dampfes voraussichtlich noch mehr hervortreten wird.

Zahlen-

Leistungsversuche bei steigender Temperatur;

$d_{m3} = 8{,}33$ mm, $F_{m3} = 54{,}5$ qmm. $d_{m8} = 8{,}31$ mm,

		b = 749,9 mm			
		1	2	3	4
Dampftemperatur vor der Turbine t_1	°C	159	200	231	254
» im Auspuff t	»	107	108	122	141
» » » berechnet t'	»	99,7	99,7	99,7	99,7
Differenz $t - t'$	»	7,3	8,3	22 3	41,3
» $t_1 - t$	»	52	92	109	113
» $t_1 - t'$	»	59,3	100,3	131,3	154,3
mittlere Umlaufzahl n		1998	1973	2000	1969
Umfangsgeschwindigkeit u	m/sk	209,2	206,6	209,4	206,2
Bremsbelastung P	kg	12,7	12,8	12,8	12,9
Bremsleistung N_e	PS	20,98	20,88	21,17	21,00
Dampfverbrauch pro st, berechnet G_h	kg	507	482	465	454
» berechnet pro PSe-st D_e	»	24,17	23,08	21,97	21,62
Verhältnis $\frac{G}{F_m}$ berechnet		652	619	598	583
Gesamtwärme, Eintritt λ_1	WE	657	677	692	703
» , Austritt λ	»	—	—	647	657
» verbrauch $\frac{Q_1}{N_e}$	»	15 880	15 625	15 203	15 199
» des Abgangsdampfes $\frac{Q}{N_e}$	»	—	—	14 215	14 204
Wärmeverbrauch pro PSe-st $\frac{Q_1 - Q}{N_e}$	»	—	—	988	995
verfügbare Strömenergie H_d	m/kg	24 590	26 080	27 770	28 830
umgesetzte » H_i	»	—	—	18 660	19 500
im Dampf verfügbare Arbeit N_d	PS	46,17	46,56	47,83	48,48
indizierte Arbeit N_i'	»	—	—	32,14	32,79
Leerlaufarbeit N_l	»	4,34	4,32	4,20	4,05
Zusatzarbeit N_z	»	0,38	0,38	0,38	0,38
indizierte Arbeit N_i	»	25,70	25,58	25,75	25,43
thermischer Wirkungsgrad η_{te}	vH	4,01	4,08	4,19	4,19
indizierter » η_i		0,557	0,549	0,538	0,525
mechanischer » η_m		0 816	0,816	0,822	0,826
Gesamt- » $\eta = \eta_i \cdot \eta_m$		0,454	0,448	0,443	0,433

Es ergibt sich demnach aus den Versuchen die bemerkenswerte Tatsache, daß bei steigender Ueberhitzung die Strömenergie H des Dampfes sowie der Wirkungsgrad η_m der Turbine steigen, während bei gleichbleibender Umlaufzahl der »indizierte« oder »hydraulische« Wirkungsgrad η_i naturgemäß sinkt. Wenn daher der sich auf 1 kg Dampf beziehende Wert $\frac{H \eta_i \eta_m}{\lambda_1}$ mit zunehmender Ueberhitzung steigt, so muß dies unter allen Umständen als ein Vorteil betrachtet werden. Es ergaben sich z. B. für die auf Zahlentafel 22 verzeichneten Versuche bei voller Beaufschlagung die folgenden Vergleichzahlen:

	1. gesättigter Dampf $p_1 = 7$ kg/qcm	2. überhitzter Dampf $p_1 = 7$ kg/qcm, $t_1 = 500^0$ C
λ_1 (WE)	656,5	817,6
H (mkg)	33 170	55 080
η_i	0,526	0,458
η_m	0,875	0,931
$\frac{H \eta_i \eta_m}{\lambda_1}$	24,6	28,7

tafel 26. Versuch vom 4. April 1901.

Auspuff; 3 erweiterte Düsen Nr. 3, 8 und 6a.

$F_{m8} = 54{,}3$ qmm. $d_{m6a} = 11{,}69$ mm, $F_{m6a} = 107{,}3$ qmm.

$p_u = 3{,}27$ kg, $p_b = 1{,}020$ kg, $p_1 = 4{,}290$ kg

5	6	7	8	9	10	11	12
288	310	335	358	378	428	450	463
170	189	212	231	247	295	319	330
119	135	152	168	183	218	233	242
51	54	60	63	64	77	86	88
118	121	123	127	131	133	131	133
169	175	183	190	195	210	217	221
1994	1995	2009	2012	2003	2009	2015	2004
208,8	208,9	210,3	210,7	209,7	210,3	211,0	209,8
12,9	12,9	13,0	13,2	13,5	14,0	14,4	14,6
21,27	21,28	21,59	21,96	22.35	23,25	23,98	24,19
438	429	419	411	404	387	381	377
2059	20,16	19,41	18,72	18,08	16,64	15,89	15,58
563	551	539	528	519	498	490	485
719	730	742	753	763	787	797	804
671	680	691	700	707	731	742	748
14 804	14 716	14 402	14 096	13 795	13 096	12 664	12 526
13 816	13 709	13 412	13 104	12 783	12 164	11 790	11 654
988	1007	990	992	1012	932	874	872
30 950	32 220	33 810	35 190	36 460	39 430	40 700	41 450
20 560	21 200	21 620	22 470	23 320	23 640	23 320	23 640
50,21	51,19	52,47	53,57	54,55	56.52	57,43	57,88
33,35	33,68	33,55	34,20	34,89	33,88	32,91	33,01
3,86	3,75	3,62	3,50	3,42	3,17	3,05	3,00
0 39	0,39	0,39	0,40	0,40	0,42	0,43	0,44
25,52	25.42	25,60	25,86	26,17	26,84	27,46	27,63
4,30	4,33	4,42	4,52	4,62	4,86	5.03	5,08
0,508	0,497	0,488	0,483	0,480	0,475	0,478	0,477
0,833	0,837	0,843	0,849	0,854	0,866	0,873	0,875
0,424	0,416	0,411	0,410	0,410	0,411	0,418	0,418

Das heißt: Für den auf 1 kg Dampf bezogenen Wert $\frac{H \eta_i \eta_m}{\lambda_1}$ wird eine Brutto-Wärmeersparnis von rd 16 vH erzielt. Nun hatte aber der Abdampf bei den in Frage stehenden Versuchen beim Heißdampfbetrieb noch eine Temperatur von 343° C, was einer Gesamtwärme des Abdampfes von 754 WE entspricht. Hiervon können, wie die Versuche gezeigt haben, etwa 95 bis 98 vH der über den Sättigungszustand (100°) vorhandenen Ueberhitzungswärme für den Arbeitsdampf wiedergewonnen werden, was für 1 kg Dampf etwa 112 bis 115 WE ergibt, und wir erhalten so für den Versuch 2 (überhitzter Dampf) gegenüber Sattdampfbetrieb eine Netto-Wärmeersparnis von rd. 30 vH. Auf diese Ausnutzung der Abdampfwärme komme ich später noch zurück.

Mithin ist auch der Einwand hinfällig, daß es überflüssig sei, einen Teil der Ueberhitzungswärme im Arbeitsprozeß nur umlaufen zu lassen, und daß man besser tue, nur soweit mit der Ueberhitzung zu gehen, daß der Dampf gerade trocken gesättigt aus der Turbine austritt. Die einfache Nachrechnung der Versuche mit steigender Ueberhitzung zeigt, daß in diesem Falle eben nicht die günstigste Wärmeausnutzung vorliegt, daß man vielmehr selbst ohne Wärmerückführung (Regenerierung) bei der de Laval-Turbine mit den

Zahlen-
Leistungsversuche bei steigender Temperatur;
$d_{m2b} = 7{,}01$ mm, $F_{m2b} = 38{,}6$ qmm.

		$b = 755$ mm,					
		1	2	3	4	5	6
absoluter Druck hinter der Turbine p		0,383	0,401	0,381	0,356	0,387	0,383
Dampftemperatur vor der Turbine t_1	°C	174	182	222	245	287	296
» im Auspuff t	»	74	76	77	89	120	128
» » » berechnet t'	»	74	76	74	73	75	74
Differenz $t - t'$	»	0	0	3	16	45	54
» $t_1 - t$	»	100	106	145	156	167	168
» $t_1 - t'$	»	100	106	148	172	212	222
mittlere Umlaufzahl n		1995	1976	2004	1977	2003	1983
Umfangsgeschwindigkeit u	m/sk	208,9	206,9	209,8	207,0	209,7	207,6
Bremsbelastung P	kg	11,4	11,5	11,5	11,6	11,7	11,8
Bremsleistung N_e	PS	18,80	18,79	19,05	18,96	19,38	19,35
Dampfverbrauch pro st, berechnet G_h	kg	294	291	277	270	259	256
» berechnet pro PSe-st D_e	»	15,64	15,48	14,54	14,24	13,36	13,23
Verhältnis $\frac{G}{F_m}$ berechnet		1050	1039	990	965	923	915
Gesamtwärme. Eintritt λ_1	WE	661	664,6	684	665	715	720
» , Austritt λ	»	—	—	—	636,5	651	655
» verbrauch pro PSe-st $\frac{Q_1}{N_e}$	»	10 338	10 288	9945	9897	9552	9526
» des Abgangsdampfes pro PSe-st $\frac{Q}{N_e}$	»	—	—	—	9064	8697	8666
Wärmeverbrauch pro PSe-st $\frac{Q_1 - Q}{N_e}$	»	—	—	—	833	855	860
verfügbare Strömenergie H_d	m/kg	47 380	47 060	50 030	52 580	54 270	54 910
umgesetzte » H_i	»	13 570	14 760	22 680	25 020	27 240	27 450
im Dampf verfügbare Arbeit N_d	PS	51,59	50,72	51,33	52,58	52,05	52,06
indizierte Arbeit, nach t berechnet N_i'	»	—	—	—	25,02	26,13	26,03
Leerlaufarbeit N_l	»	3,80	3,76	3,73	3,46	3,24	3,22
Zusatzarbeit N_z	»	0,34	0,34	0,34	0,34	0,35	0,35
indizierte Arbeit N_i	»	22,94	22,89	23,12	22,76	22,97	22,92
thermischer Wirkungsgrad η_{te}	vH	6,16	6,19	6,41	6,44	6,67	6,69
indizierter » η_i		0,445	0,451	0,450	0,433	0,441	0,440
mechanischer » η_m		0,820	0,821	0,824	0,833	0,844	0,844
Gesamt- » $\eta = \eta_i \cdot \eta_m$		0,364	0,371	0,371	0,361	0,372	0,372

höchsten Dampftemperaturen noch eine weitere Ausnutzung der Dampfwärme erzielt. Doch wird man naturgemäß die hierbei im Abdampf noch enthaltene Ueberhitzungswärme mit gutem Erfolg für den Arbeitsprozeß wieder nutzbar machen, wie dies nach D. R. P. 129 182 geschehen kann.

Beim Betrieb mit Kondensation, wo ohnehin die Endtemperatur des Dampfes viel tiefer liegt, tritt die Wärmeersparnis bei hoher Ueberhitzung zwar der Menge nach weniger stark hervor, doch ist, solange man es mit Einstufenturbinen zu tun hat, auch hier immerhin noch eine praktisch genügend große Wärmeersparnis zu erreichen, wie sich aus den wenigen angestellten Versuchen gezeigt hat.

Wir haben uns hier noch eine Erklärung darüber zu geben, wie die hohe Abdampftemperatur zustande kommt. An der Hand des wiederholt herangezogenen Versuches vom 3. April 1901, Zahlentafel 22, ist es leicht, zahlenmäßig die betreffende Endtemperatur nachzuweisen.

tafel 27. Versuch vom 21. August 1901.

Vakuum; 2 erweiterte Düsen Nr. 2b und 5b.

$d_{m5b} = 7{,}06$ mm, $F_{m5b} = 39{,}2$ qmm.

$p_ü = 5{,}95$ kg, $p_b = 1{,}027$ kg, $p_1 = 6{,}977$ kg									3 erweiterte Düsen überhitzter Dampf und Vakuum, Düsen Nr. 2b, 6b und 7b. 21. Aug. 1901. Drücke wie vorher
7	8	9	10	11	12	13	14	15	
0,360	0,356	0,349	0,356	0,374	0,333	0,329	0,333	0,343	0,469
319	332	347	356	371	381	385	404	422	413
138	160	176	189	203	209	212	230	246	248
73	73	72	73	74	71	71	71	72	79
75	87	104	116	129	138	141	159	174	169
171	172	171	167	168	172	173	174	176	165
247	259	275	283	297	310	314	333	350	334
1972	2002	1997	1983	1985	1398	2005	2020	2026	2038
206,5	209,6	209,1	207,6	207,8	209,2	209,9	211,5	212,1	213,4
11,9	12	12,1	12,2	12,2	12,3	12,3	12,4	12,4	17,1
19,41	19,87	19,99	20,01	20,03	20,32	20,40	20,71	20,78	28,80
251	248	244	242	239	237	236	232	229	344
12,93	12,48	12,21	12,09	11,93	11,66	11,57	11,20	11,02	11,94
895	884	871	865	854	847	844	830	819	825
731	737	744	748,5	755,8	760,5	762,7	772	780	776,5
665	671	681	685	691	694	696	705,5	712	712
9452	9198	9084	9049	9017	8867	8824	8646	8596	9271
8598	8374	8315	8282	8244	8092	8053	7902	7846	8501
854	824	769	767	773	775	771	744	750	770
58 090	59 250	60 840	61 160	62 010	54 770	65 300	66 990	68 260	62 330
27 980	27 980	27 980	27 030	27 350	28 200	28 320	28 620	28 940	27 200
54,00	54,42	54,98	54,82	54,89	56,85	57,08	57,56	57,89	79,41
26,01	25,70	25,29	24,23	24,21	24,75	24,75	24,59	24,55	34,65
2,15	3,12	3,09	3,08	3,07	3,02	2,99	2,97	2,95	3,10
0,36	0,36	0,36	0,36	0,36	0,37	0,37	0,38	0,38	0,52
22,92	23,35	23,44	23,45	23,46	23,71	23,76	24,06	24,11	32,42
6,74	6,93	7,01	7,04	7,06	7,18	7,22	7,37	7,41	6,87
0,424	0,429	0,426	0,428	0,427	0,417	0,416	0,418	0,416	0,408
0,847	0,851	0,853	0,853	0,854	0,857	0,859	0,861	0,862	0,888
0,359	0,365	0,364	0,365	0,365	0,357	0,357	0,360	0,358	0,363

Der Dampf verläßt die Düse mit einer Temperatur von 206°, wenn adiabatische Expansion angenommen und die Düsenreibung vernachlässigt wird. Diese Temperatur würde der Dampfstrahl unverändert beibehalten, wenn er

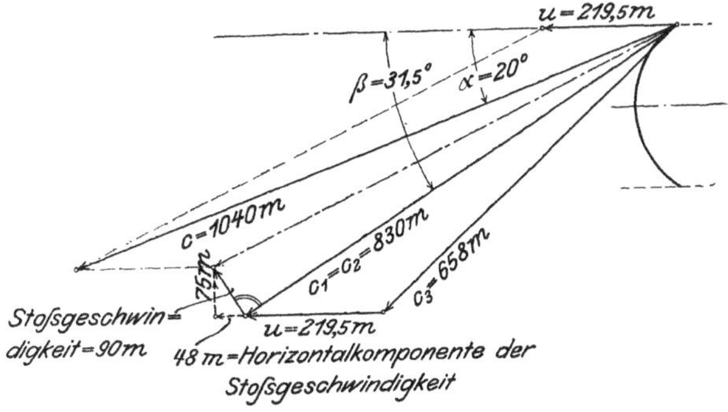

Fig. 16.

Zahlen-

Leistungsversuche bei steigender Temperatur;

$d_{m2b} = 7{,}01$ mm, $F_{m2b} = 38{,}6$ qmm. $d_{m5b} = 7{,}06$ mm,

		$b = 755{,}7$ mm			
		1	2	3	4
absoluter Druck hinter der Turbine p		0,416	0,416	0,416	0,416
Dampftemperatur vor der Turbine t_1	°C	175	209	260	280
» im Auspuff (nach $N_i = N_e + N_l + N_z$)	»	76	76	113	131
» » » beobachtet t	»	76	76	100	117
» » » berechnet t'	»	76	76	76	76
Differenz $t - t'$	»	0	0	24	41
» $t_1 - t$	»	99	133	160	163
» $t_1 - t'$	»	99	133	184	204
mittlere Umlaufzahl n		2115	2122	2114	2127
Umfangsgeschwindigkeit u	m/sk	221,4	222,2	221,3	222,7
Bremsbelastung P	kg	17,0	17,1	17,3	17,4
Bremsleistung N_e	PS	29,66	29.94	30,17	30.53
Dampfverbrauch pro st, berechnet G_h	kg	437	419	396	388
» » PSe-st » D_e	»	14,73	13,99	13,13	12,71
Verhältnis $\frac{G}{F_m}$ berechnet		1048	1005	949	930
Gesamtwärme, Eintritt λ_1	WE	662	678	703	712
» , Austritt λ	»	—	—	641	650
» verbrauch $\frac{Q_1}{N_e}$	»	9751	9485	9230	9050
» des Abgangsdampfes $\frac{Q}{N_e}$	»	—	—	8416	8262
Wärmeverbrauch pro PSe-st $\frac{Q_1 - Q}{N_e}$	»	—	—	814	788
durch Regeneration zurückgewonnen pro PSe-st $\frac{Q_r}{N_e}$	»	—	—	151	250
Wärmeersparnis gegen gesättigten Dampf	»	—	266	521	701
desgl. in	vH	—	2,73	5,34	7,19
Wärmeersparnis gegen gesätt. Dampf bei Regener.	WE	—	266	672	951
desgl. in	vH	—	2,73	6,89	9,75
verfügbare Strömenergie H_a	m/kg	45 790	47 490	50 670	52 150
umgesetzte » H_i	»	—	—	26 080	26 290
im Dampf verfügbare Arbeit N_d	PS	74,11	73,69	74,32	74,94
indizierte Arbeit, nach t berechnet N_i'	»	—	—	38,25	37,78
Leerlaufarbeit N_l	»	3,78	3,78	3,35	3,26
Zusatzarbeit N_z	»	0,54	0,54	0,54	0,54
indizierte Arbeit $N_e + N_l + N_z = N_i$	»	33,98	34,26	34,06	34,33
thermischer Wirkungsgrad η_{te}	vH	6,53	6.72	6,90	7,04
» » bei Regener. $\eta_{te\,reg.}$	»	6,53	6,72	7,02	7,24
indizierter » η_i		0,459	0,465	0,458	0,458
mechanischer » η_m		0,873	0,874	0,886	0,889
Gesamt- » $\eta = \eta_i \cdot \eta_m$		0,400	0,406	0,406	0,408

ohne Stoß und ohne Reibung durch das Rad strömte und hier lediglich durch Ablenkung, d. h. durch Verringerung seiner absoluten Geschwindigkeit, Arbeit an das in Bewegung befindliche Rad abgäbe. Nach den vorliegenden Schaufelwinkeln verläßt der mit 1040 m/sk Geschwindigkeit aus der Düse strömende Dampf das Rad mit 658 m (vergl. Fig. 16), um dann im Austrittstutzen, wo die Temperatur t gemessen wurde, mit rd. 50 m abzuströmen. Diese ohne Arbeitsleistung und Wärmeverlust bei gleichbleibendem Druck erfolgende Abnahme der Geschwindigkeit muß mithin eine Erwärmung des Dampfes zur Folge haben, und zwar werden pro kg Dampf $\frac{658^2 - 50^2}{19{,}62} = 21991$ mkg in Wärme umgesetzt, d. h. der tafel 28. Versuch vom 9. September 1901.

Vakuum; 3 erweiterte Düsen Nr. 2b, 5b und 7b.

$F_{m5b} = 39{,}2$ qmm. $d_{m7b} = 6{,}96$ mm, $F_{m7b} = 38{,}1$ qmm.

$p_b = 1{,}027$ kg, $p_u = 5{,}95$ kg, $p_1 = 6{,}977$ kg

5	6	7	8	9	10	11	12	13
0,418	0,416	0,414	0,416	0,416	0,404	0,410	0,409	0,409
298	318	352	363	381	410	429	438	453
147	163	191	203	218	243	261	269	281
132	147	176	189	205	229	246	252	265
76	76	76	76	76	76	76	76	84
56	71	100	113	129	153	170	176	181
166	171	176	174	176	181	183	186	188
222	242	276	287	305	334	353	362	369
2113	2126	2127	2071	2088	2100	2063	2078	2090
221,2	222,6	222,7	216,8	218,6	219,9	216,0	217,6	218,8
17,5	17,6	17,9	18,0	18,1	18,2	18,3	18,3	18,3
30,51	30,87	31,42	30,75	31,18	31,53	31,15	31,37	31,55
381	374	362	359	353	345	340	338	334
12,49	12,12	11,52	11,67	11,32	10,94	10,91	10,77	10,59
913	896	868	860	847	827	815	809	800
721	731	746	752	760	775	784	788	795
656	663	677	684	691	703	711	714	720
9005	8860	8594	8776	8603	8479	8553	8487	8419
8193	8036	7799	7982	7822	7691	7757	7690	7625
812	824	795	794	781	788	796	797	794
336	413	553	633	701	803	890	910	961
746	891	1157	975	1148	1272	1198	1264	1332
7,65	9,14	11,87	10,00	11,77	13,05	12,29	13,00	13,66
1082	1304	1710	1608	1849	2075	2088	2174	2293
11,10	13 37	17,54	1649	18,96	21,28	21,41	22,30	23,52
534 20	55 120	58 090	58 940	60 630	64 240	65 720	66 780	68 260
275 60	28 410	29 260	29 040	29 260	30 320	30 740	31 380	31 800
75,38	76,35	77,88	78,33	79,27	82,09	82,76	83,60	84,44
38,89	39,35	39,23	38,59	38,25	38,74	38,71	39,28	39,34
3,22	3,19	3,14	3,12	3,10	3,06	3,04	3,02	3,01
0,55	0,55	0,57	0,55	0,56	0,57	0,56	0,57	0,57
34,28	34,61	35,12	34,42	34,84	35,16	34,75	34,96	35,13
7,07	7,19	7,41	7,26	7,40	7,51	7,45	7,51	7,57
7,35	7,54	7,92	7,82	8,06	8,30	8,31	8,41	8,54
0,455	0,453	0,451	0,439	0,440	0,428	0,420	0,418	0,416
0,890	0,892	0,894	0,893	0,895	0,897	0,896	0,897	0,898
0,405	0,404	0,403	0,393	0,393	0,384	0,376	0,375	0,374

Dampf muß seine Temperatur um $\frac{21\,991}{424\,.\,0{,}48} = 108^0$ erhöhen. Nun dürfte er beim Austritt aus der Düse praktisch etwa 214^0 gehabt haben, so daß sich eine Endtemperatur von rd. 322^0 ergäbe, während gemessen worden sind 343^0. Dieser Mehrbetrag von 21^0 hat verschiedene Gründe. Jedenfalls findet eine Erhitzung durch Stoß und Wirbelbildung beim Eintritt in das Rad statt; dann aber wird der Dampf wahrscheinlich durch die heißere Rückwand des Gehäuses, welche von dem 500^0 heißen Frischdampf Wärme erhält, Wärme aufnehmen, so daß hierdurch trotz der äußeren Abkühlung des Gehäuses eine kleine Temperatursteigerung über den oben ermittelten Wert von 322^0 erklärlich er-

Zahlen-

Leitungsversuche zur Dar-

	Düsen Nr. 2a u. 5a. Versuch mit 2 verengt. Düsen, 7 kg abs. Druck am 11. Mai 1901, Nr. 3	Düsen Nr. 2a, 5a, 8a. Versuch mit 3 verengt. Düsen, 3,8 kg abs. Druck am 14. Mai 1901, Nr. 9	Düsen Nr. 2a, 5a, 7a, 8a. Versuch mit 4 Düsen, 1,8 kg abs. Druck am 14. Mai 1901, Nr. 11
	1	2	3
Barometerstand b . . . . mm Q.-S.	745,5	758,2	758,2
atmosphärischer Druck p_b . . . . kg/qcm	1,014	1,031	1,031
Ueberdruck vor der Turbine p_1' . . . . . »	5,95	2,77	0,8
absoluter Druck vor der Turbine p_1 . . . . »	6,964	3,801	1,831
Ueberdruck im Austrittraum p' . . . . . . »	2,8	1,0	0
absoluter Druck im Austrittraum p . . . . »	3,814	2,031	1,031
Dampftemperatur vor der Turbine t_1 . . . . °C	3 85	308	242
» im Auspuff t . . . . . . »	305	238	173
» » » berechnet t' . . »	292	225	172
Differenz $t - t'$ . . . . »	13	13	1
» $t_1 - t$ . . . . »	80	70	69
» $t_1 - t'$ . . . . »	93	83	70
mittlere Umlaufzahl n	2029	2012	1926
Umfangsgeschwindigkeit u . . . . m/sk	212,4	210,7	201,7
Bremsbelastung P . . . . kg	2,0	3,2	2,2
Bremsleistung N_e . . . . PS	3,38	5,35	3,53
Dampfverbrauch pro st, berechnet G_h . . . . kg	342	338	271
» » PS$_e$-st D_e . . . . »	101,2	63,2	76,8
Verhältnis $\frac{G}{F_m}$ beobachtet	—	—	241
Verhältnis $\frac{G}{F_m}$ berechnet	842	489	248
Quotient C	—	—	0,972
Gesamtwärme, Eintritt λ_1 . . . . WE	762,5	729,7	702
» , Austritt λ . . . . »	728,2	699,8	672
» verbrauch $\frac{Q_1}{N_e}$ . . . . »	77152	46101	53914
» des Abgangsdampfes $\frac{Q}{N_e}$ . . . . . »	73681	44212	51610
Wärmeverbrauch pro PS$_e$-st $\frac{Q_1 - Q}{N_e}$ . . . . »	3471	1889	2304
verfügbare Dampfgeschwindigkeit w . . . . m/sk	580	550	502
» Strömenergie H_a . . . . m/kg	17280	15370	12830
umgesetzte » H_i . . . . »	14590	12640	12680
im Dampf verfügbare Arbeit N_a . . . . . . PS	21,89	19,24	12,88
indizierte Arbeit nach t, berechnet N_i' . . . »	18,48	15,82	12,73
Gesamtwirkungsgrad η	0,154	0,278	0,274

scheint[1]). Daß aber diese Wärme nicht verloren ist, werden wir bei der Besprechung des »Regeneratorbetriebes« (zu Frage 4) sehen.

Die Möglichkeit, die Temperatur des noch überhitzt aus der Turbine abgehenden Dampfes messen zu können, bietet vor allen den Vorteil, die an das Rad wirklich abgegebene Arbeit H_i[2]) der Menge nach zu bestimmen, da alle durch

[1]) Vergl. auch über die Bestimmung der »indizierten« Leistung bei der de Laval-Turbine die 1901 erschienene Dissertation von H. Schütz, Göttingen. »Die Ausnutzung des Dampfes in den Laval-Turbinen.«

[2]) Ein kleiner Betrag der Erhöhung der Dampftemperatur muß wohl auch auf Rechnung der Reibung an der Düsenwand gesetzt werden. Die theoretische Temperatur beim Austritt aus der Düse betrug 206° C. Die Wirkung des auf die Radschaufel ausgeübten Dampfstoßes auf die Temperatur t zeigt sehr schön Zahlentafel 15. Außerdem dürfte aber hierbei, wie mir Prof. Stodola (Zürich) mitteilte, auch durch die Reibung an der Schaufelwandung eine Geschwindigkeitsabnahme, verbunden mit Druckanschwellung und demnach Temperatursteigerung, eintreten. Das Diagramm Fig. 16 nimmt hierauf keine Rücksicht.

tafel 29.
stellung des Druckstufensystems.

Düsen Nr. 2a, 5, 7a, 8a. 4 Düsen, 2 kg abs. Druck am 14. Mai 1901, Nr. 13	Düsen Nr. 2, 3a, 5, 7. 4 Düsen, rd. 2 kg abs. Druck am 15. Mai 1901, Nr. 1	Düsen Nr. 2, 3a, 5, 7. 4 Düsen, rd. 2 kg abs. Druck am 15. Mai 1901, Nr 2	Düsen Nr. 2, 3a, 5, 7. 4 Düsen, rd. 2 kg abs. Druck am 15. Mai 1901, Nr. 3	Bemerkungen
4	5	6	7	
758,2	758,4	758,4	758,4	Versuch 1.
1,031	1,031	1,031	1,031	$d_{m2a} = 8{,}48$ mm, $f_{m2} = 56{,}4$ qmm
1,0	0,9	0,9	1,0	$d_{m5a} = 8{,}48$ » $f_{m5} = 56{,}4$ »
2,031	1,931	1,931	2,031	$\Sigma f_m = 112{,}8$ qmm
0	0	0	0	
1,031	1,031	1,031	1,031	Versuch 2. Nr. 2a u. 5a wie vorher.
251	246	249	240	$d_{m8a} = 10{,}03$ mm, $f_{m8a} = 79{,}0$ qmm
177	180	182	174	$\Sigma f_m = 191{,}8$ qmm
168	170	173	158	Versuch 3. Nr. 2a, 5a, 8a wie vorher.
9	10	9	16	$d_{m7a} = 12{,}41$ mm, $f_{m7a} = 121{,}0$ qmm
74	66	67	66	$\Sigma f_m = 312{,}8$ qmm
83	76	76	82	
2022	2013	2049	2134	Versuch 4 wie 3. $\Sigma f_m = 312{,}8$ qmm
211,7	210,8	214,5	223,4	Versuch 5, 6 u. 7.
3,3	3,4	3,4	3,7	$d_{m3a} = 11{,}73$ mm, $f_{m3a} = 108{,}1$ qmm
5,54	5,68	5,79	6,55	$\Sigma f_m = 341{,}9$ qmm
298	315	315	332	$N_{e1} + N_{e2} + N_{e4} = 14{,}69$ PSe
53,8	55,5	54,4	50,7	
265	256	256	270	
274	262	261	277	
0,967	0,977	0,981	0 975	
705,9	703,7	705,2	700,5	
674	675,4	676,4	672,5	
37977	39026	38366	35506	
36261	37456	36799	34087	
1716	1570	1567	1419	
547	524	528	540	
15260	13990	14080	14900	
13570	12040	12270	11890	
16,84	16,32	16,43	18,32	
14,98	14,05	14,32	14,62	
0,329	0,348	0,352	0,358	

Stoß und Wirbelung in Wärme umgesetzte Energie in der erhöhten Dampftemperatur zum Ausdruck gelangt, wenn man von den sich großenteils aufhebenden Wärmemengen absieht, die einerseits nach außen verloren gehen, anderseits aus dem Druckdampf nach dem Austrittsgehäuse geleitet werden. Die Messung der Abdampftemperatur bietet aber deshalb keine Schwierigkeit, weil der Dampf im Austrittsrohr nur eine verhältnismäßig geringe Geschwindigkeit besitzt und somit keine Erwärmung des Thermometers oder Thermoelements eintreten kann, wie dies der Fall ist, wenn man die Temperatur des Dampfes kurz nach seinem Austritt aus der de Lavalschen Düse messen will, wobei z. B. in einigen Fällen die Temperatur des Dampfes vor Eintritt in die Düse erhalten wurde[1]). Wenn

[1]) Die Schwierigkeit, ja Unmöglichkeit, mittels der gewöhnlichen Meßgeräte die Temperatur von so rasch strömendem Dampf zu bestimmen, ist auch anderweit schon hervorgehoben; vergl. u. a. Emden: »Ueber die Ausströmungserscheinungen permanenter Gase«, S. 38 ff. Leipzig, J. A. Barth, 1898.

Zahlen-
Regenerierungs-

Nr.	1	2	3	4	5	6	7	8	9	10	11	12
	zugeführte Wärmemenge											
	Turbine Dampfeintritt		Regenerator			berechnete Dampfmenge	abgefangenes Kondensat	Wärmemengen				Summe
			Dampfeintritt		Dampf austritt			abgegeben pro kg entsprechend		abgegeben pro st entsprechend		
	Druck am Man.	Temperatur	Ueberdruck	Temperatur	Temperatur			dem Abdampf	dem Kondensat	dem Abdampf	dem Kondensat	
	kg/qcm	°C	kg/qcm	°C	°C	kg/st	kg/st	WE	WE	WE	WE	WE
	I. Wasser vorgewärmt											
	Versuch am 25. Mai 1901. $b = 760$ mm,											
1	5	405	0	368	148	291	27	106	519	30846	14013	44859
2	5	397	0	367	146	293	18	107	518	31351	9324	40675
	Versuch am 4. Juni 1901. $b = 757{,}9$ mm,											
3	4	334	0	289	128	246	34,6 von 97,5°	77	512	18942	17715	36657
4	4	351	0	317	136	242	27,8 von 97,5°	87	516	21054	14345	35399
	II. Wasser vorge-											
	Versuch am 9. Juli 1901. $b = 746$ mm,											
5	2,6	233	0	179	116	195	24,6	30,2	504	5889	12398	18287
	Versuch am 10. Juli 1901. $b = 746{,}3$ mm,											
6	2,4	253	0	194	122	359	44,0	34,6	507	12421	22308	34729
	Versuch am 18. Juli 1901. $b = 757{,}8$ mm,											
7	2,4	185	0	163	113	245	33,2	24,0	5,12	5880	16998	22878
	III. Wasser vorgewärmt											
	Versuch am 10. Juli 1901. $b = 746{,}3$ mm,											
8	4,0	377	0	304	142	236	28,5	77,8	516	18361	14706	33067
	IV. Wasser ver-											
	Versuch am 13. Juli 1901. $b = 755$ mm,											
9	4,0	364	0	269	157	240	0	53,8	0	12910	0	12912
	Versuch am 17. Juli 1901. $b = 758$ mm,											
10	4,08	350	0	295	154	247	0	67,7	0	16722	0	16722
11	4,0	361	0	303	164	240	0	66,7	0	16008	0	16008

es demnach nicht möglich ist, den Dampfzustand beim Austritt aus der Düse durch Versuch zu bestimmen, so bieten die verschiedenen Versuche doch Stoff genug, um die Richtigkeit der Anschauung de Lavals, die u. a. auch Zeuner in seiner Turbinentheorie vertritt, mittelbar zu bestätigen. Namentlich sind es die Strahldruckmessungen und daneben die Versuche mit sich verengenden Düsen, welche hierzu die geeigneten Unterlagen liefern und worauf bei Besprechung der weiteren Fragen des § 1 zurückzukommen sein wird.

Der Nutzen der Ueberhitzung wird übrigens, wie die Versuche zeigen, durch wechselnde Beaufschlagung nicht beeinträchtigt; er bleibt vielmehr in gleichem Maße wie bei Vollbelastung bestehen. Eine Uebersicht hierüber gibt

tafel 30.
versuche.

13	14	15	16	17	18	19	20	21	22	23	24	24	26
zurückgewonnene Wärmemenge								Ergebnisse					
Mantel		Rohrsystem			Wasser-Wärmemengen			Differenzen		Wärmedurchgangsziffern			
Eintritt	Austritt	Eintritt	Austritt					d. Wasser- u. ber. Dampfmengen	d. Wärmemengen in Spalte 12 u. 20	pro qm u. st		pro qm u. st u. 1° Temp.-Differenz k	
Temperaturen				Druck am Man.	beob-achtet	pro kg	pro st			Mantel 1,4 qm	Rohre 10 qm	Man-tel	Roh-re
°C	°C	°C	°C	kg/qcm	WE	WE	WE	kg/st	WE	WE	WE	WE	WE
durch Mantel und Rohre													
p_b = 1,033 kg, 2 verengte Düsen Nr. 2 und 5,													
10	93		133	2	339	123	41697	+48	−3162	20091	1356	97,5	9,4
9	93		131	2	273	122	33306	−20	−7369	16380	1037	79,5	7,2
p_b = 1,030 kg, 2 erweiterte Düsen Nr. 1 u. 4.													
10,2	95	87	124	2	260	122	31720	+14	−4937	15786	962	101,2	9 3
10,5	95	89	128	2	231	124	28644	−11	−6755	13860	901	79,7	7,6
wärmt durch Rohre.													
p_b = 1,014 kg, 2 erweiterte Düsen Nr. 1 und 4.													
Rohrsystem													
Eintritt		Austritt											
Druck	Temp.	Druck	Temp.										
2,0	23	2,0	117	—	189	94	17766	−6	−521	—	1777	—	22,8
p_b = 1,015 kg, 3 erweiterte Düsen Nr. 1, 4 und 6.													
3,0	20	—	122	—	340	102	34680	−19	−49	—	3468	—	40,3
p_b = 1,030 kg, 2 verengte Düsen Nr. 2a uni 8a.													
2,92	20	—	112	—	247	92	22724	+2	−154	—	2272	—	31,16
und verdampft durch Rohre.													
p_b = 1,015 kg, 2 erweiterte Düsen Nr. 1 und 4,													
1,8	20	1,8	122	—	242	—	33068	+6	+1	—	3307	—	22,0
		Wasser vorgewärmt			226	102	23052						
		» verdampft			16	626	10016						
dampft durch Rohre.													
p_b = 1,027 kg, 2 erweiterte Düsen Nr. 1 und 4.													
3,6	120	3,6	148	—	16,6	530	8798	—	−4114	—	880	—	11,1
p_b = 1,031 kg, 2 erweiterte Düsen Nr. 1 und 4.													
2,76	124	2,76	141	—	23,6	524	12366	—	−4356	—	1237	—	13.4
3,84	123	3,84	150	—	23,3	528	12302	—	−3706	—	1230	—	12,7

folgende kleine Zusammenstellung für halbe und volle Beaufschlagung, welche die Endwerte mehrerer Versuchsreihen für Auspuffbetrieb mit steigender Ueberhitzung enthält. (Seite 68.)

Zu 3. Die für den Betrieb mit überhitztem Dampf nicht unwichtige Frage nach der Reibung des Rades in dem umgebenden Stoff ist durch eine Versuchsreihe beantwortet worden, deren Ergebnisse auf Zahlentafel 12 zusammengestellt und auf den Diagrammen 7 und 8 veranschaulicht sind. Man erkennt daraus, daß bei gleichbleibender Radgeschwindigkeit die Radreibungsarbeit mit steigender Ueberhitzung anfänglich mehr, dann weniger abnimmt. Die für Luft, gesättigten und verschieden hoch überhitzten Dampf von atmosphärischer und

Eintrittsdampf überall 7 kg abs.		halbe Beaufschlagung		volle Beaufschlagung	
		gesättigter Dampf	überhitzter Dampf	gesättigter Dampf	überhitzter Dampf
Dampftemperatur	°C	164	460	164	500
Bremsleistung	PS_e	21,4	24,5	44,1	51,9
Dampfverbrauch für 1 PS_e-st	kg	21,6	14,1	17,7	11,5
Wärmeverbrauch im Dampf brutto für 1 PS_e-st	WE	14 160	11 270	11 610	9398
Auspufftemperatur des Dampfes . . .	°C	100	**309**	100	**343**
zurückzugewinnende Wärme (über Sättigungszustand für 1 PS_e-st	WE	0	1415	0	1340

zum Teil auch von niedrigerer Spannung vorgenommenen Messungen der Leerlaufarbeit ergeben folgende Werte, wobei die Umlaufzahl des Rades 20 000 i. d. Min., entsprechend einer Umfangsgeschwindigkeit von rd. 209 m vorlag.

Leerlaufversuche bei gleichbleibender Umlaufzahl.
(2000 am Vorgelege, 20 000 an der Laufradwelle.)

Das Turbinenrad lief		gesamte Leerlaufarbeit der Turbine bei atm. Druck	Radwiderstand	
			bei atm. Druck	bei 0,36 kg/qcm Vakuum
		PS	PS	PS
in Luft von etwa 30	°C	6,80	4,60	—
in gesättigtem Dampf von 100 .	»	5,50	3,30	1,50
in überhitztem Dampf von 123 .	»	5,10	2,85	0,95
» » » » 184 .	»	4,55	2,25	—
» » » » 244 .	»	4,30	2,05	—
» » » » 300 .	»	4,15	1,88	0,60

Zahlentafel 12 enthält auch noch einige Versuchszusammenstellungen, welche einen Schluß auf die Stopfbüchsenreibung, die sich übrigens als sehr gering herausstellt, gestatten. Ebenso enthalten die Ergebnisse Werte für den Riemengleitverlust bei verschiedenen Geschwindigkeiten und Belastungen.

Die Versuche sind, wie schon oben erwähnt, mittels eines geeichten Gleichstrom-Elektromotors von 10 PS ausgeführt, welcher seinen Strom von einer im Versuchsraum aufgestellten, durch eine Kolben-Dampfmaschine betriebenen Dynamomaschine erhielt. Nachstehend gebe ich für einen solchen Versuch die dabei beobachteten Werte wieder.

Versuche vom 5. Februar 1901, $b = 741$ mm							Ergebnisse				
Klemmenspannung E	Stromstärke J	Erregerstärke i	Umlaufzahlen: des Elektromotors n_M	Umlaufzahlen: der Turbine n_T	Temperatur mittels Thermoelement von S. & H.: Galvanometer t_g + Thermometer t_t $= t_1$	Vakuum mittels Vakuummeter	der Elektromotor hat aufgenommen		der Elektromotor hat abgegeben	nach Abzug der Riemengleitung verbleiben	umgerechnet auf $n_T = 2000$
						cm	KW	PS	PS	PS	PS
125	24	2,3	1068	2039	278 + 32 = 310	46,25	3,00	4,08	2,98	2,93	2,87
124,5	23,8										
123,5	24										
123,5	24										
124	24										

Zahlentafel 31.

Abdruck eines Originalprotokolls.

Tag des Versuches: 3. April 1901. Beobachter: E. Lewicki, Nägel, Kluge.

Barometerstand in mm: 757,3

Untersuchung der de Laval-Dampfturbine.

Versuchs-Nr.	Tourenzahl n	Nr. der Düsen	Bremsgewicht G kg	Eintrittstemperatur des Dampfes — Ablesungen an den Thermoelementen: am Anfang des Versuches	am Ende des Versuches	Lufttemperatur an den Klemmen	Dampftemperatur t_1 °C	Austrittstemperatur des Dampfes — Ablesungen an den Thermoelementen: am Anfang des Versuches	am Ende des Versuches	Lufttemperatur an den Klemmen	Dampftemperatur t °C	Dampfmenge: Zeit t sk	Dampfmenge: Gewicht kg
1	2	3	4	5	6	7	8	9	10	11	12	13	14
1	1695	3 u. 8	12,7	151	151	28,5	179,5	80	80	28,0	108,0	49,8	6,32 Inhalt der
2	1653	»	13,0	151	151	29,5	180,5	80	80	29,5	109,5	50,3	» geeichten,
3	1668	»	13,0	160	175	29,5	197,0	80	80	29,5	109,5	51,1	» Blechflasche
4	1715	»	13,0	183	190	29,5	219,0	80	80	29,5	109,5	51,9	» gemessen
5	1783	»	13,2	208	211	30,0	230,5	82	87	30,0	114,5	54,0	»
6	1825	»	13,2	221	230	30,0	255,5	93	97	30,5	125,5	54,5	»
7	1843	»	13,5	243	248	31,0	276,5	110	113	31,0	142,0	55,0	»
8	1835	»	13,7	260	267	31,0	294,5	122	127	31,5	156,0	56,3	»
9	1931	»	13,7	278	282	31,5	311,5	135	138	32,0	168,5	57,4	»
10	1975	»	13,9	292	205	32,0	326,5	148	150	32,5	181,5	58,4	»
11	2033	»	14,0	305	309	32,5	339,5	161	163	32,7	194,7	60,0	»
12	2025	»	14,2	314	317	33,0	348,5	170	172	33,2	204,2	60,7	»
13	2067	»	14,3	333	335	33,0	367,0	185	187	34,0	220,5	62,2	»
14	2052	»	14,3	338	341	33,5	373,0	192	192	35,0	227,0	61,8	»
15	2042	»	14,4	345	347	33,5	379,5	200	200	35,3	235,3	61,8	»
16	2051	»	14,4	350	351	33,7	384,2	203	205	35,7	239,7	62,2	»
17	1964	»	14,5	359	360	33,8	393,3	210	212	36,7	247,7	62,0	»
18	2087	»	14,5	376	378	34,8	411,3	223	225	38,0	262,0	63,3	»
19	2148	»	14,5	387	390	35,0	423,5	232	234	39,0	272,0	63,9	»
20	2178	»	14,7	402	405	86,5	440,0	245	247	40,0	286,0	60,1	»
21	2229	«	14,7	408	410	36,6	445,6	250	252	40,8	291,8	67,2	»
22	2156	»	14,8	418	420	37,0	456,0	260	260	42,0	302,0	65,8	»
23	2240	»	14,8	421	422	37,2	458,7	261	262	42,0	303,5	67,2	»
24	2005	»	14,8	425	430	37,6	460,1	265	268	42,7	309,2	180	17,28 Inhalt des
25	2056	3, 6 u. 8	30,0	460	461	38,3	498,8	295	297	43,0	339,0	95	16,14 Eimers,
26	2096	»	30,0	461	461	38,6	499,6	298	298	45,0	343,0	100	16,58 gewogen

Zu 4. Die hierher gehörigen Bemerkungen sind zum Teil bereits unter 2 gemacht worden; es soll hier noch auf eine aus den Versuchen hervorgegangene Betriebsweise hingewiesen werden, welche inzwischen patentiert worden ist[1]). Es wird dabei beabsichtigt, die Freistrahlturbinen mit Dampf von sehr hoher Ueberhitzungstemperatur zu betreiben und den Abdampf für die Erzeugung von Frischdampf wieder zu benutzen. Ich gebe hier den ursprünglichen Wortlaut der von mir ausgearbeiteten Patentschrift wieder, insofern er zur Erläuterung der Neuerung dienen soll. Es heißt darin u. a.:

»Der noch überhitzt aus der Turbine tretende Abdampf wird durch ein Heizkörper-System geleitet, welches vom Kesselwasser oder vom Kesseldampf umspült wird, so daß bei hinreichender Oberfläche der Abdampf, einen entsprechenden Teil seines Wärmeinhalts abgebend, nahezu mit Kesseltemperatur austritt, um dann eventuell nach Passierung eines Speisewasser-Vorwärmers be-

[1]) D. R.-P. 129182.

kannter Konstruktion nach dem Kondensator bezw. in die Atmosphäre zu gelangen.

Es wird also durch die Verbindung jenes Heizkörper-Systems (welches »Abwärme-Rekuperator« genannt werden kann) mit einer Turbine, ebenfalls bekannter Konstruktion, der Zweck erreicht, das gesamte Wärmegefälle des Abdampfes oberhalb der Siedetemperatur für den Frischdampf nutzbar zu machen und so in den Arbeitsprozeß zurückzuführen, ohne dabei von dem Spannungsgefälle des Arbeitsprozesses abhängig zu sein. Dieser Umstand ermöglicht auch, das obere Temperatur-Niveau außerordentlich hoch zu heben, wodurch sich, wie Versuche ergeben haben, sowohl der thermische, als auch der mechanische Nutzeffekt der Anlage günstiger gestaltet.

In gewissen Fällen wird man, um besonders hohe Ueberhitzungstemperaturen des Treibdampfes zu erzielen, aus praktischen Gründen den Ueberhitzer aus feuerfestem Material herstellen. Es ist dann erforderlich, den Dampfdruck auf atmosphärische Pressung oder nur geringen Ueberdruck zu reduzieren und das Spannungsgefälle fast lediglich durch das Vakuum des Kondensators hervorzubringen.

Wie bei Besprechung von Frage 7 gezeigt werden soll, kann man mit diesem Betriebsystem sehr niedrige Dampfspannungen anwenden, was unter Umständen für die Betriebsicherheit von Vorteil ist.

Zu 5. Die bei den Versuchen über den Dampfverbrauch angestellten Messungen des Dampfausflusses aus den de Lavalschen Düsen haben nicht nur für gesättigten, sondern auch für überhitzten Dampf im allgemeinen eine solche Uebereinstimmung mit den nach den Zeunerschen Ausflußformeln berechneten Werten gegeben, daß man bei Dampfverbrauchsversuchen, namentlich in dem Falle des Heißdampfbetriebes, wo geringer bezw. gar kein Feuchtigkeitsgehalt des Dampfes beim Eintritt in die Düse vorliegt, lediglich eine genaue Ausmessung des engsten Düsendurchmessers und ebenso eine einwandfreie Druckmessung vorzunehmen hat, um die stündliche Dampfmenge mit einer genügenden Genauigkeit feststellen zu können[1]). In den Zahlentafeln über die Leistungsversuche ist überall, wo Dampfmessungen angestellt worden sind, auch der aus den Ausflußformeln berechnete Wert mit angegeben, und es ist alsdann der Quotient C aus dem Messungs- und dem Rechnungswert gebildet worden, der in den meisten Fällen sehr nahe $= 1$ ist[2]). Die unvermeidlichen Abweichungen bei den Versuchen von den wirklichen Werten der durchgeströmten Dampfmengen infolge Unvollkommenheit der Meßgeräte sowie der persönlichen Fehler sind gewiß nicht geringer gewesen, als die Unterschiede zwischen Rechnungs- und Versuchsergebnissen[3]).

[1]) Die Richtigkeit der theoretischen Ausflußformeln ist für gesättigten Dampf neuerdings wiederholt experimentell bestätigt worden, so u. a. von dem französischen Ingenieur Rateau. Vergl. hierüber dessen Mitteilungen in »Revue de Mécanique« 31. August 1900. Vergl. auch M. Rosenhein: Institution of Civ. Engineers London. Vol. XCL, 1900. Versuche mit Dampfstrahlen.

[2]) Bei den Dampfmessungen mit verengten Düsen ergab sich durchschnittlich ein etwas geringerer Wert als 1, was entweder in der Form der Düse seinen Grund hat, oder, und das ist wahrscheinlicher, daß der engste Düsenquerschnitt hier im Gebiet der schrägen Stirnfläche liegt und so seine in Rechnung zu setzende Größe etwas zweifelhaft wird. Außerdem bildet die konvergente Düse eine Verlängerung der Zuleitnng, wodurch eine Vergrößerung des Strömwiderstandes entsteht, wie es auch die nachher zu besprechenden Strahldruckmessungen bestätigen.

[3]) Hier ist zu erwähnen, daß allerdings die Dampftemperatur kurz vor der Düse infolge Ausstrahlung des Gehäuses eine kleine Einbuße erleiden dürfte, wodurch die Rechnungsergebnisse bezüglich der Durchflußmenge etwas zu niedrig ausfallen. Doch dürfte der Unterschied bei guter Isolierung innerhalb der Fehlergrenzen liegen.

Nachfolgend gebe ich für die de Laval-Düsen (im Betriebszustand) die Ausflußformeln für trocken gesättigten und für überhitzten Dampf, und zwar in einer für praktische Verhältnisse geeigneten Form[1]).

Für trocken gesättigten Dampf:

$$G_h = 71{,}640 f \sqrt{\frac{p}{v}} \quad \text{. . . . .} \quad (9),$$

für überhitzten Dampf:

$$G_h = 75{,}906 f \sqrt{\frac{p}{v}} \quad \text{. . . . .} \quad (10).$$

Hierin bedeutet G_h die stündliche Dampfmenge in kg;

f die Summe der Düsenquerschnitte an der engsten Stelle in qcm;
p den absoluten Dampfdruck vor den Düsen in kg/qcm;
v das spez. Volumen des Dampfes vom Drucke p in cbm/kg.

v ist für gesättigten Dampf aus den Dampf-Zahlentafeln, bei überhitztem Dampf aus der Zustandsgleichung zu bestimmen; sie lautet nach Zeuner:

$$v = \frac{BT - Cp^n}{p}.$$

Hierin ist:

$B = 50{,}933$
$T = 273 + t$
$C = 192{,}5$
$n = 0{,}25$
p = der absolute Dampfdruck vor Eintritt in die Düsen in kg/qm.
t = die Dampftemperatur vor Eintritt in die Düsen in °C.

Die obigen Ausflußformeln sind infolge der längst als richtig erwiesenen Theorie von de St. Venant und Wantzel über den Mündungsdruck[2]) bekanntlich an die Bedingung geknüpft, daß das Verhältnis zwischen absolutem Eintritts- und Gegendruck nicht kleiner ist als

für gesättigten Dampf 1,73
» überhitzten Dampf aber 1,85,

was bei Dampfturbinenbetrieb der immer Fall ist.

Die gute Uebereinstimmung zwischen Rechnungsergebnissen und den Beobachtungen ist zunächst ein Beweis dafür, daß die Ausflußformeln auf richtigen Voraussetzungen beruhen; sodann kommt aber auch noch der Umstand in Frage, daß in vielen Fällen der Dampf bereits mit einer gewissen Geschwindigkeit in die Düse eintritt, wodurch wohl die kleinen Reibungswiderstände in der Düse zum großen Teil überwunden werden. Setzt man daher in die Ausflußformel statt des manometrischen Druckes den um die Geschwindigkeitshöhe vermehrten Druck ein, so wird man einen kleinen Mehrbetrag gegenüber der Messung bekommen und könnte so den Ausflußexponent n oder den Widerstandskoeffizient ζ ermitteln. Es soll dies an einem Beispiel erläutert werden.

Bei dem Versuch am 3. April 1901 waren folgende Werte beobachtet worden:

---

[1]) Diese Formeln sind auch von Musil in dessen Werk »Die Wärmekraftmaschinen«, 1902 bei Teubner erschienen, aufgenommen worden. Vergl. auch Zeitschrift des Vereines deutscher Ingenieure 1901 S. 1716.

[2]) Vergl. Zeuner, T. Th. I S. 251 ff.

Dampfüberdruck am Manometer . . .	5,95 kg/qcm,
Barometerdruck	1,030 »
absoluter Dampfdruck vor dem Eintritt .	6,980 »
Dampftemperatur vor dem Eintritt . . .	499,6°.

Sieht man von der Zuströmgeschwindigkeit ab, so erhält man zunächst für den vorliegenden Dampfzustand ein spezifisches Volumen $v = 0{,}519$.

Die 3 Düsen hatten zusammen 2,161 qcm Querschnitt (an der engsten Stelle). Danach ermittelt sich für G_h der Wert [nach Gl. (10)] $G_h = 601{,}2$ kg. Gemessen wurde $G_h = 597$ kg. Die Zuströmgeschwindigkeit ergibt für diese Durchflußmenge den Wert 34 m, und dies entspricht einem Druckzuwachs von rd. 0,01 kg/qcm. Damit erhöht sich aber die Durchflußmenge von 601,2 kg auf $G_h'' = 601{,}8$. Mithin finden wir für den Quotient

$$C = \frac{G_h'}{G_h''} = \frac{597}{601{,}8} = 0{,}993,$$

und wir können nun folgendermaßen den Ausflußexponent n und daraus den Widerstandskoeffizient ζ bestimmen.

Wir haben allgemein die Beziehung

$$\frac{G}{F_m} = \psi \sqrt{\frac{p_1}{v_1}};$$

hieraus ermittelt sich bei Vernachlässigung der Reibungswiderstände in der Düse, wie schon in § 8 angeführt ist, $\psi = 210{,}85$. Für ψ gilt die Beziehung

$$\psi = \left(\frac{2}{\varkappa + 1}\right)^{\frac{1}{n-1}} \sqrt{\frac{2 g \varkappa}{\varkappa + 1}} \text{ [1]} \quad \ldots \ldots \ldots \quad (11),$$

ferner ist hierzu

$$n = \frac{\varkappa (1 + \zeta)}{1 + \varkappa \zeta} \text{ [1]} \quad \ldots \ldots \ldots \quad (12).$$

Nun fanden wir durch Versuch den Wert ψ statt 210,85 nur 0,993 mal so groß, mithin zu $209{,}37 = \psi'$, und es ergibt sich aus Gl. (11) für n ein Wert, der von $\varkappa$ verschieden sein muß.

Es ist

$$\frac{1}{n-1} \lg \left(\frac{2}{\varkappa + 1}\right) = \lg \frac{\psi}{\sqrt{\frac{2 g \varkappa}{\varkappa + 1}}},$$

worauf sich unter Einsetzung des Wertes $\psi' = 0{,}993\, \psi = 209{,}37$ [2])

$$n = 1{,}328$$

ermittelt.

Nach Gl. (12) findet sich dann unter Einsetzung des gefundenen Wertes von n

$$\zeta = \frac{\varkappa - n}{\varkappa (n - 1)} = 0{,}0114,$$

ein Wert, welcher, wie zu erwarten ist, kleiner als bei Luft (0,066) ausfällt[3]).

Bei dem Versuch vom 3. April 1901 ergab sich im Zuströmkanal vor den Düsen, welcher eine lichte Weite von 500 mm hat, bei einer Gesamtdampfmenge von 597 kg/st eine Dampfgeschwindigkeit von 34 m/sk, was, wie schon erwähnt,

---

[1]) Zeuner, T. Th. I S. 239 ff. (II. Aufl.).

[2]) Hier muß wegen g in m 2,0937 statt 209,37 eingesetzt werden.

[3]) Der bei 19 Messungen erhaltene Mittelwert von ψ ist 211,27, der größte Wert 233,41, der kleinste 193,68.

einem Druckzuwachs von etwas mehr als 0,01 kg/qcm entspricht, mithin als innerhalb der Beobachtungsfehler bei der Druckablesung liegend vernachlässigt werden kann.

Zu 6. Die zahlreichen mit kegelförmig verengten Düsen von mir vorgenommenen Leistungsversuche haben zu folgenden Ergebnissen geführt[1]).

1) Die de Lavalsche kegelförmig erweiterte Düse gibt bei richtigem Erweiterungsverhältnis unter sonst gleichen Umständen stets bessere Leistungen als die kegelförmig verengte, was darauf schließen läßt, daß bei ihr tatsächlich eine höhere Dampfgeschwindigkeit und daher vollkommenere Expansion eintritt, als bei den verengten Düsen. Die in den Diagrammen 11 und 12 zusammengestellten Versuche mit beiden Düsenarten geben durch die sich schneidenden Leistungskurven dieser Tatsache klaren Ausdruck. Man sieht, daß die für die höheren Drücke richtig erweiterten Düsen stets mehr Leistung ergeben haben, als die verengten, welche naturgemäß bei den niederen Drücken den ersteren überlegen waren, da hierfür die Theorie nur sehr geringe Erweiterung fordert. Um noch weitere Bestätigungen der Richtigkeit der de Lavalschen Düsenerweiterung zu geben, habe ich noch verschiedene Messungen angestellt, über die folgendes zu berichten ist.

In Zahlentafel 11 sind Messungen des Vakuums im Radgehäuse zusammengestellt, welche unter sonst gleichen Umständen mit erweiterten und verengten Düsen bei stillstehendem Rade gemacht worden sind und die durchgehends für letztere ein geringeres Vakuum ergeben. Diese Beobachtung sagt aber nichts anderes, als daß der Dampf bei den verengten Düsen mit mehr Druck ausgetreten ist als bei den erweiterten, wodurch eben das Vakuum im Radgehäuse sinken mußte.

Eine andere Beobachtung war die folgende. Ich ließ aus einer schräg abgeschnittenen verengten Düse Dampf unter mehreren Atmosphären Ueberdruck in die freie Luft ausströmen. Es zeigte sich dabei eine Ablenkung des Dampfstrahles von der Düsenachse von rd. 20°, was ein deutlicher Beweis dafür ist, daß hier der Dampf noch mit Ueberdruck austritt; weil dem noch gepreßten Dampf auf der einen Seite kein Platz zur Ausdehnung gegeben war, mußte er sich nach der andern Seite begeben und somit aus der Düsenachse abgelenkt werden. Dagegen blieb bei der erweiterten Düse trotz der Abschrägung die Achsenrichtung völlig gewahrt, ein Zeichen, daß beim Austritt kein Ueberdruck im Strahl mehr vorhanden war.

Schließlich weisen die Ergebnisse der nun noch zu besprechenden Strahldruckmessungen auf dieselben Druckzustände beim Verlassen der Düsen hin. Diese Messungen[2]) sollten in erster Linie Aufschluß darüber geben, ob auch die theoretisch berechneten Endgeschwindigkeiten vom Dampf wirklich erreicht werden, wenn er durch eine richtig erweiterte Düse expandiert. Zu diesem Zwecke wurde die in Fig. 14 ersichtliche Versuchseinrichtung zusammengestellt.

Ein kleiner Dampfkessel, welcher vom Hauptkessel gespeist wurde, aber außerdem selbst noch eine Gasheizung besaß, diente als Dampfausflußgefäß, und die zu untersuchenden Düsen von 6 mm engstem Durchmesser wurden an den Dom dieses Kessels angesetzt (Fig. 17). Ein Manometer und ein Thermometer vervollständigten die Ausrüstung des Kessels. Den Dampfstrahl ließ ich nun

---

[1]) Vergl. die zweite Fußnote in Zeuners Turbinentheorie S. 278.

[2]) Vergl. über ähnliche Messungen den Bericht von Rateau in: »Revue de Mécanique«, Nr. v. 31. Aug. 1900, sowie die Versuche von M. Rosenheim: »Inst. of civ. Engineers London« vol. XCL, 1900.

unter verschiedenem Ueberdruck sowie bei wechselnder Ueberhitzung senkrecht gegen eine ebene Platte stoßen, von welcher er mithin rechtwinklig zur Strömungsrichtung abgelenkt wurde, so daß seine Geschwindigkeit in dieser Richtung von w auf o sank. Ein Zurückprallen des Dampfes von der Platte fand nicht statt, vielmehr bildete der Dampf ein etwa 2,5 m großes »Rad« in der Ebene der Platte. Die letztere hatte 108 mm Dmr. und etwa 50 mm Dicke und war am senkrechten Schenkel eines Winkelhebels befestigt, der seinerseits mit-

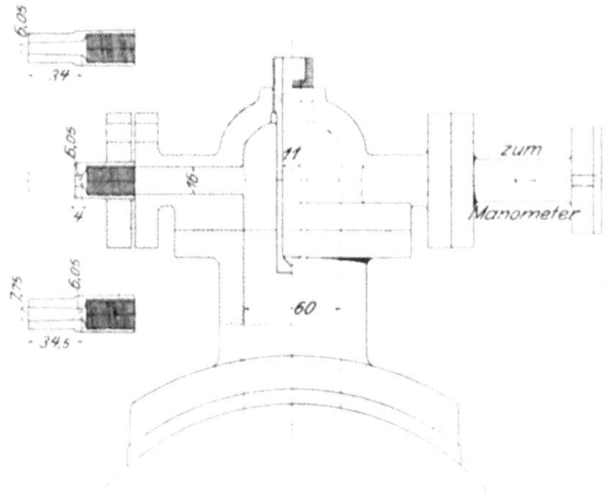

Fig. 17.

tels Schneiden auf einem Bockgestell ruhte. Der wagerechte Schenkel trug eine Wagschale. Im Beharrungszustand war es hiermit möglich, bis auf 10 g genau den vom Dampfstrahl auf die Platte ausgeübten Druck zu messen, und zwar gab es immer eine gewisse Entfernung von der Düsenmündung, für die der Druck ein Höchstmaß erreichte. Diese Entfernung war bei der erweiterten Düse geringer als bei der verengten, wie die Versuchswerte auf Zahlentafel 9 zeigen. Aus dem gemessenen Druck P in kg, ferner aus der sekundlichen Dampfmenge G (letztere wurde nach den aufgrund von Versuchen für die vorliegende Anordnung berichtigten Ausflußformeln bestimmt[1])) läßt sich nun, wie dies auch beim Stoß von Wasserstrahlen gegen eine ruhende ebene Platte geschieht, die Geschwindigkeit w des Strahles durch die Beziehung finden

$$Mw = P = \frac{G}{g} w,$$

woraus

$$w = \frac{Pg}{G}.$$

Auf diesem Wege ergaben sich Geschwindigkeiten, die bis auf einige Hundertteile mit den theoretischen übereinstimmten. Der Fehlbetrag ist jedenfalls in erster Linie auf die Abschwächung der Geschwindigkeit infolge der Luftreibung zurückzuführen und würde bei Ausführung des Versuches im luft-

[1]) Bei der vorliegenden Versuchseinrichtung ergaben besondere Ausflußmessungen insofern eine kleine Verminderung der Ausflußkoeffizienten, als durch den der Düse vorgeschalteten Stutzen am Dorn ein gewisser Widerstand gebildet wurde, welcher bei der Turbine nicht vorlag. Für trocken gesättigten Dampf z. B. erhielt ich anstelle des Wertes 199 der Ausflußformel bei der konvergenten Düse (a) 195, bei der divergenten Düse (b) 197, während für die abgedrehte Düse (c) 199 beibehalten werden konnte. Die letztere hatte übrigens nach dem Abdrehen einen um 0,11 mm verkleinerten Durchmesser infolge Einwirkung des Drehstahles. Für die Düse a betrug der genaue Durchmesser 6,02 mm, und nicht, wie in Fig. 17 angegeben, 6,05 mm.

Austretende Dampfstrahlen bei Düsen verschiedener Form.

Fig. 18 a bis e.

Fig. 18a.

Erweiterte Düse, $d_m = 6$ mm; $p_1 \infty$ 6 kg/qcm; ges. Dampf, $w \infty$ 780.

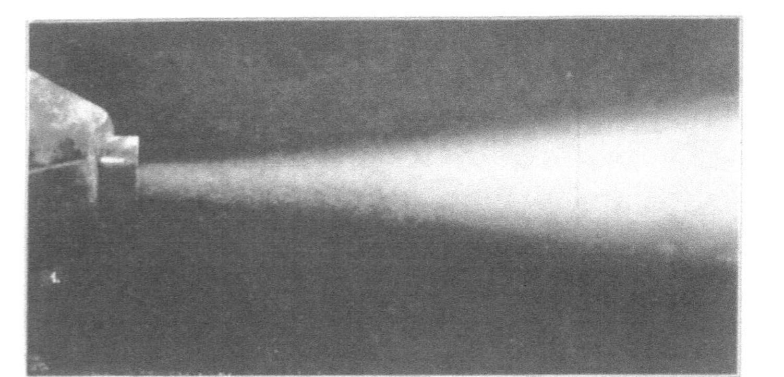

Fig. 18b.

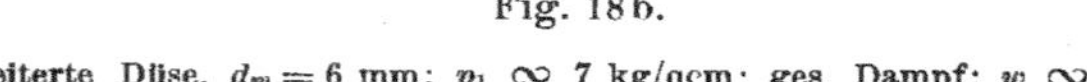

Erweiterte Düse, $d_m = 6$ mm; $p_1 \infty$ 7 kg/qcm; ges. Dampf; $w \infty$ 810 m.

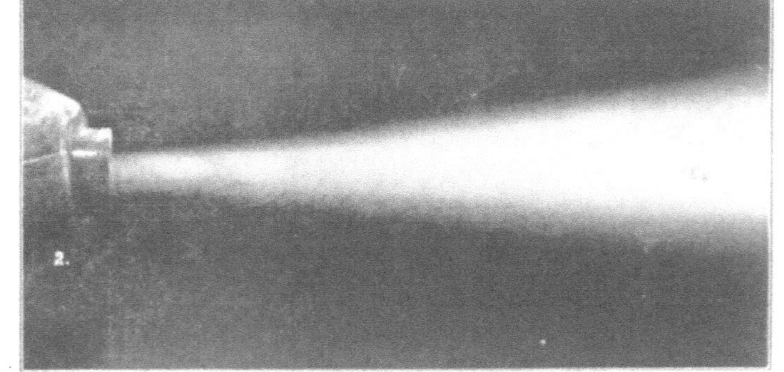

Fig. 18c.

Erweiterte Düse, $d_m = 6$ mm; $p_1 \infty$ 8 kg/qcm; ges. Dampf; $w \infty$ 835 m.

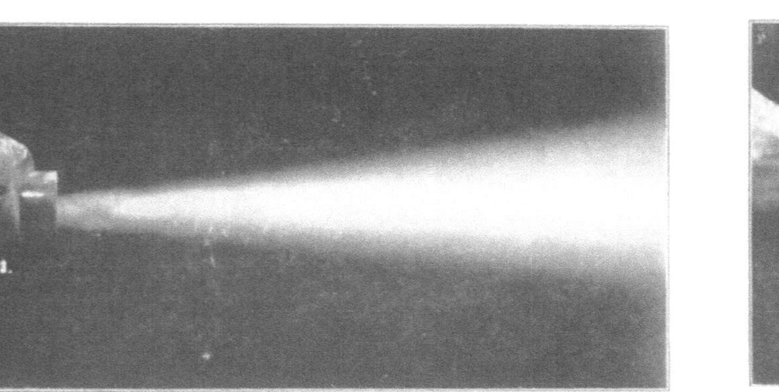

Fig. 18d.

Verengte Düse, $d_m = 6$ mm; $p_1 \infty$ 8 kg/qcm; $t_1 = 190^0$ C.

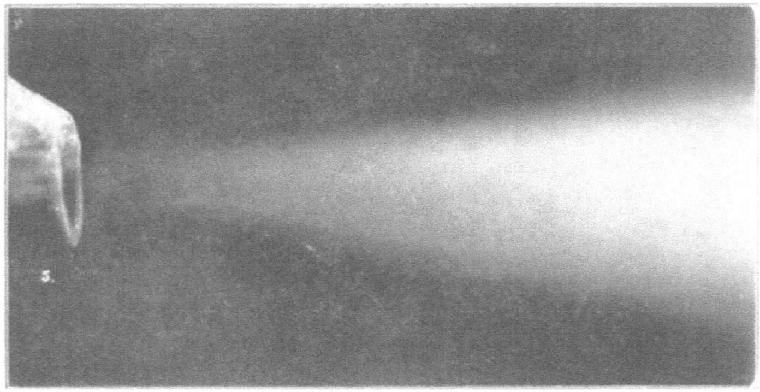

Fig. 18e.

Erweiterte Düse, abgedreht, $d_m = 6$ mm; $p_1 \infty 7$ kg/qcm; $t_1 = 200^0$ C.

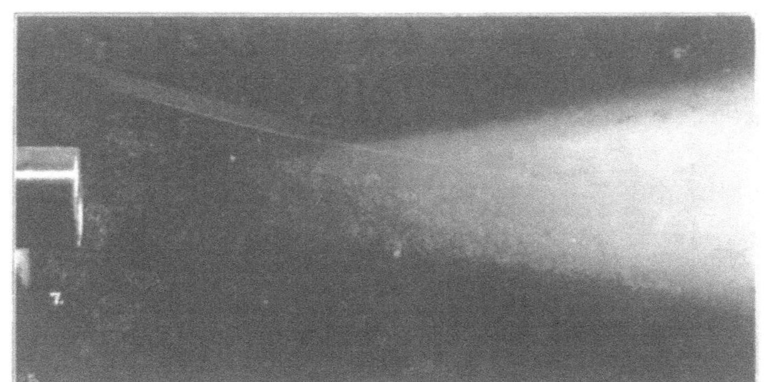

verdünnten Raum vermutlich wesentlich geringer ausfallen[1]). Merkwürdigerweise ergab nun die verengte Düse, wenn man nur mit der Plattenebene in die richtige Entfernung von der Mündung rückte, annähernd die gleichen Strahldrücke wie die erweiterte. Daraus kann unzweifelhaft geschlossen werden, daß der Dampfstrahl außerhalb der Düsenmündung noch weiter bis auf den Gegendruck (hier also Atmosphärendruck) expandiert und dabei an Geschwindigkeit zunimmt, ohne daß er also noch durch eine besonders erweiterte Düsenfortsetzung geführt wird. Diese Beobachtung veranlaßte mich, mit einer kurz hinter dem engsten Querschnitt abgeschnittenen de Laval-Düse[2]) einen Bremsversuch zu machen. Er lieferte jedoch ein wesentlich schlechteres Ergebnis, als mit derselben Düse vor ihrer Verkürzung erreicht worden war. Dies kann seinen Grund nur darin haben, daß der aus der abgeschnittenen Düse tretende Strahl nicht durch den freien Raum nach dem Rade tritt, sondern durch einen vom Düsengehäuse gebildeten Raum, der sonst durch die Düsenfortsetzung ausgefüllt wurde. Es treten nun zwischen Strahl und Gehäuse jedenfalls starke Wirbelungen auf, und insbesondre kann das Ansaugen und Eindringen von ruhendem Dampf bei der Expansion nicht ungehindert stattfinden. (Vergl. die weiter unten folgenden Schlußfolgerungen aus den Dampfstrahlversuchen.) Anders läßt sich die Erscheinung nicht erklären. Würde man bei Kondensationsbetrieb den engsten Düsenquerschnitt in die Gehäusewand legen und das Rad nur in der der Expansion entsprechenden Entfernung von dieser Wand aufstellen, so müßte der Dampfstrahl meines Erachtens die gleiche Leistung an das Rad abgeben, wie bei der erweiterten Düse, ja es könnte sein, daß sogar eine kleine Mehrleistung erzielt würde, weil die Reibung des Dampfstrahles an der Düsenwandung größer sein muß als an dem das Gehäuse erfüllenden Abdampf von Kondensatorspannung. Die Tatsache, daß der Dampfstrahl, der mit dem Druck p_m die Düse verläßt, außerhalb der Düse im freien Raum so expandiert, daß er die der adiabatischen Expansion entsprechende Geschwindigkeit annimmt, ohne also geführt zu sein, kann nur so erklärt werden, daß in der sehr kurzen Zeit, in welcher die Druckabnahme von p_m auf p stattfindet, gar keine solche Ausbreitung des Dampfstrahles rechtwinklig zu seiner Achse eintreten kann, daß hierdurch die infolge des Gesetzes von der Erhaltung der Energie notwendigerweise eintretende Geschwindigkeitszunahme verhindert werden kann, zumal der Dampf bereits an der Mündung eine Achsengeschwindigkeit w_m von mehreren 100 m besitzt. An der Versuchsturbine war es leider nicht möglich, das Rad auf der Welle so zu verschieben, daß man den angeregten Versuch mit frei expandierendem Strahl hätte anstellen können. Die photographisch aufgenommenen Dampfstrahlen, welche eine gemessene mittlere Geschwindigkeit von rd. 800 m besaßen und wovon Fig. 18a bis e eine Vorstellung geben können, zeigten zwar durchweg mit der Entfernung von der Düse eine verhältnismäßig starke Querschnittzunahme, welche bei der verengten und der kurz hinter dem engsten Querschnitt abgeschnittenen Düse, Fig. 18d und 18e, wie zu erwarten war, stärker hervortrat, als bei der erweiterten. Sie ist als Folge der Luftreibung und Luftbeimischung zu betrachten, welche zwar eine Geschwindigkeitsabnahme,

[1]) Um hier den Anteil, welchen die Luftreibung auf den Geschwindigkeitsverlust hat, zu beurteilen, könnte man den aus den Turbinenversuchen ermittelten Ausflußexponenten mit heranziehen, welcher größer ist als der bei den Strahlversuchen ermittelte, weil im ersteren Falle der Einfluß der Luftreibung wegfällt. Eine genaue Trennung der Einflüsse der Düsen und der Luftreibung ist nicht möglich.

[2]) Mit einer solchen wurden auch Strahldruckmessungen vorgenommen, die das leiche Ergebnis hatten, wie bei der verengten Düse. Siehe Zahlentafel 9, c.

aber gleichzeitig eine Zunahme der strömenden Masse zur Folge hat. Die Aufnahme des Strahles aus der verengten Düse, Fig. 18d, zeigt deutlich die plötzliche, eichelförmige Ausdehnung in transversaler Richtung, und kurz hinter der dann erfolgten schwachen Einschnürung eine sanft konvexe, normal zur Achse stehende »Schliere«[1]). Aus der kürzlich erschienenen wichtigen Abhandlung von **Isaachsen**: »Ueber das Verhalten der Schornsteingase nach dem Verlassen des Schornsteines« in den Verh. z. Bef. d. Gewerbefleißes 1902 S. 171 ff. möchte ich für die Beurteilung dieser Dampfstrahlen folgende Schlüsse ziehen[2]):

a) Mit Bezug auf das Gasmischungsgesetz zeigen Fig. 18d und Fig. 19 (verengte Düse), daß hier im ersten Teil des Strahles, d. h. bis zur Schliere *b*, offenbar Ueberdruck herrscht und somit bis dahin keine Luft in den Strahl eintreten kann. Hinter der Schliere zeigt sich deutlich der durchsichtige Spitzkegel *c* (Dampf ohne Luft) und der Nebelmantel *e*, welcher, kegelförmig sich erweiternd, Luft enthält.

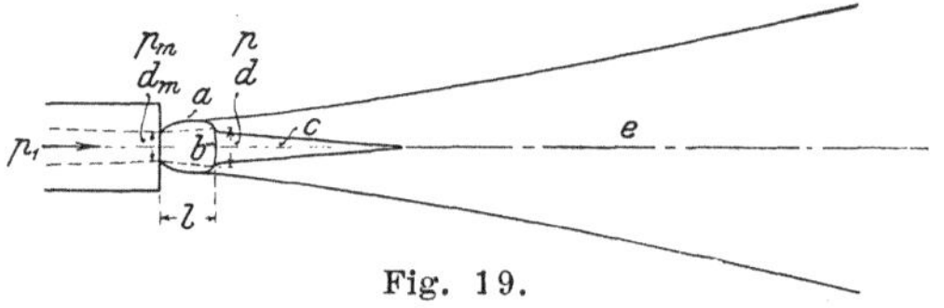

Fig. 19.

b) Bei den Strahlen aus der erweiterten Düse tritt unmittelbar hinter der Mündung milchige Trübung ein, und es beginnt, wenn auch nur sehr allmählich, die Erweiterung des Strahles, wobei die stehenden Wellen eine andere Entstehungsursache haben als die Eichel *a* bei der verengten Düse.

c) Aus den Druckmessungen ergibt sich, daß die theoretische Geschwindigkeit annähernd erreicht worden ist, wenn man die Dampfmenge allein in Rechnung stellt. Da nun infolge des Eintretens von Luft in den Strahl die auf die Platte stoßende Gemischmenge größer ist als die ursprüngliche Dampfmenge, so muß offenbar die Endgeschwindigkeit des Gemisches um so viel geringer sein, als der Beschleunigung der mit der Axialgeschwindigkeit Null eintretenden Luft entspricht, da das Produkt $M w$ dasselbe bleibt.

d) Die ungünstige Arbeitsleistung des in der Turbine aus der abgeschnittenen Düse strömenden Dampfes (vergleiche S. 75) erklärt sich nun besser folgendermaßen: Zu dem durch einen engen zylindrischen Hohlraum ausströmenden Dampf kann keine Luft oder ruhender Dampf hinzutreten, und somit bilden sich Wirbel, die eine mit Geschwindigkeitsabnahme verbundene Erwärmung zur Folge haben müssen. Im Gegensatz dazu wird die Temperatur in dem Strahl, welcher Luft oder ruhenden Dampf vom Gegendruck aufnimmt, sogar bei der sich erweiternden Düse noch entsprechend sinken, weil sich die bewegte Masse dabei vergrößert hat und die Energiemenge, abgesehen von der sehr geringen an die Umgebung abgegebene Wärmemenge, unverändert bleibt.

[1]) Die neuerdings von Dr. R. **Emden** für Luftstrahlen mit großer Deutlichkeit photographisch aufgenommenen stehenden Schallwellen finden sich bei den von mir beobachteten Dampfstrahlen ebenfalls angedeutet. Nach allem, was über diese Wellen bis jetzt bekannt ist, glaube ich, daß sie stets dann entstehen, wenn der Strahl mit Ueberdruck den scharfen Düsenmündungsrand verläßt und letzterer ähnlich wirkt, wie z. B. die in einen glatten Wasserstrahl hineingehaltene Messerschneide. Das Verfahren von Emden, solche Gasstrahlen mittels Funkenbeleuchtung zu photographieren, war mir bei Aufnahme der Dampfstrahlen noch nicht bekannt; meine Aufnahmen wurden bei gewöhnlicher Tagesbeleuchtung als Daueraufnahmen hergestellt. Erst nach Fertigstellung meiner Arbeit sind mir die schönen Dampfstrahlphotographien von Prof. Gutermuth bekannt geworden.

[2]) Wie mir der Verfasser dieser Abhandlung mitteilte, ließen sich die bei der konvergenten bezw. abgeschnittenen Düse erhaltenen großen Strahldrücke auch so erklären, daß der in den sich ausbreitenden Dampfstrahl eintretenden Luft schon vorher durch den von der Platte abströmenden Dampf eine Achsialgeschwindigkeit infolge Wirbelbildung erteilt worden ist.

e) Auch diese Strahlbilder bestätigen demnach wieder die Richtigkeit der Anschauung von de Laval und Zeuner über die Expansion des Dampfes bis auf den Gegendruck bei entsprechender Düsenerweiterung und das Vorhandensein von Ueberdruck beim Austritt aus verengten oder kurzen zylindrischen Düsen. Es folgt aber noch weiterhin daraus, daß die Expansion bis auf den Gegendruck bei den letztgenannten Düsen sehr rasch vor sich geht, wie aus Fig. 19 ersichtlich ist, wo die Länge l die Strecke angibt, auf der die Expansion stattfindet. Diese Länge l betrug bei den Messungen im Mittel 10 mm; die Schliere rückt, wie die Versuche zeigten, mit zunehmendem Druck weiter von der Mündung weg, und zwar durchschnittlich für 1 kg/qcm um 1 mm. Dabei ist der Umstand sehr bemerkenswert, daß die Berechnung der theoretisch nötigen Erweiterung von d_m auf d im vorliegenden Versuch einen Wert ergibt, der sich, wie Fig. 19 zeigt, sehr gut in die Figur einfügt. Das Druckverhältnis $p_1 : p$ war $= 8$; dies ergibt für überhitzten Dampf $d : d_m = 1{,}333$. Daß der Nebelkegel etwas früher beginnt, ist wohl der Abkühlung durch die umgebende Luft zuzuschreiben.

Zu 7. Die Frage, ob es möglich ist, bei atmosphärischem Druck oder bei einem Ueberdruck bis 0,5 kg/qcm mit Heißdampf eine Turbine noch wirtschaftlich günstig zu betreiben, hat insofern Bedeutung, als es dadurch möglich wäre, gefahrlose Dampfkessel trotz sehr hoher Ueberhitzungstemperaturen anzuwenden.

Nachdem die Versuche gezeigt hatten, daß man bei Anwendung sehr hoher Ueberhitzung sogar mit dem Brutto-Wärmeverbrauch herunterzukommen, bei Regenerierung des Abdampfes aber noch weitere Wärme- und somit Brennstoff-Ersparnisse zu erzielen imstande ist, lag es nahe zu untersuchen, ob man auch noch bei ganz geringem Dampfüberdruck und bei atmosphärischem Druck eine Dampfturbine wirtschaftlich werde betreiben können. Ich habe bis jetzt zwar noch keine praktischen Versuche nach dieser Richtung anstellen können; es ist aber möglich, auf Grund der bisher gesammelten Beobachtungen, sich ein Urteil darüber zu bilden, wie sich die Sache gestalten dürfte. Einige Voruntersuchungen waren zu diesem Zwecke nötig. Zunächst habe ich rechnerisch und mit Hülfe des Wärmediagrammes für überhitzten Dampf ermittelt, wie sich die theoretischen (Mindest-) Dampfverbrauch-Zahlen bei niedrigen Drücken aber hoher Ueberhitzung stellen, und im Anschluß hieran, wie dabei die Wärmeverbrauchzahlen ausfallen, die ja bei überhitztem Dampf mehr besagen als die (nicht reduzierten) Dampfverbrauchangaben. Die Ergebnisse dieser Erörterungen sind in den Diagrammen 19 und 20 dargestellt, und es ist daraus zu entnehmen, daß bei Dampfturbinen, wo es möglich ist, die weitgehende Expansion ins Kondensationsgebiet hinein praktisch anzuwenden, ein solcher Niederdruck-Heißdampfbetrieb wohl Aussicht auf günstigen Erfolg hat. Die Diagramme 22 bis 25 (sogen. Wärmepläne)[1]) geben den Vergleich zwischen einer ausgeführten Schmidtschen Heißdampfmsachine und einer nach dem beschriebenen Niederdruck-Heißdampfbetrieb mit Regenerierung arbeitenden Freistrahl-Dampfturbine[2]). Das Wärmediagramm (26) gibt die im Arbeitsgang auftretenden Wärmemengen für beide Maschinenarten. Danach haben wir für die mit einem indizierten Wirkungsgrad von 80 vH arbeitende Dampfturbine eine Ausnutzung der Brennstoffwärme von 16 vH,

[1]) Den Wärmeplan für die Heißdampfmaschine (Kasseler Maschine, untersucht von Schröter 1894) habe ich einer Abhandlung von Böttcher entnommen, welche in den Verhandlungen des Vereines zur Beförderuug des Gewerbfleißes, Berlin 1901, Heft I, erschienen ist.

[2]) Es ist hervorzuheben, daß für Diagramm 23 der Schornsteinverlust mit nur 15 vH, bei den Diagrammen 24 u. 25 dagegen mit 20 vH anzunehmen war, weil im ersteren Falle ein Kesselüberdruck von rd. 0,5 kg, im letzteren ein solcher von rd. 11 kg zu Grunde gelegt ist. Somit wird die Abkühlung der Heizgase im ersten Falle eine größere sein.

bezogen auf die Bremsleistung, zu erwarten, eine Zahl, welche bei der jetzigen einstufigen de Laval-Turbine neuester Bauart, wobei, wie schon erwähnt, Radumfangsgeschwindigkeiten bis 420 m angewendet wurden, wohl erreichbar und gewiß bei den besten Kolbenmaschinenanlagen gegenwärtig auch nicht zu überbieten sein dürfte. Beispielsweise wurden bei der neuerdings in die Praxis eingeführten Heißdampflokomobile von R. Wolf bei einem Versuch von L. Lewicki[1]) 13 vH der Brennstoffwärme in Nutzarbeit umgesetzt, ungefähr dasselbe Ergebnis wie bei der Kasseler Maschine. Jedenfalls kann man, was nach allen Vorversuchen zu erhoffen ist, noch sehr zufrieden sein, wenn man bei niedrigem Druck (z. B. 0,5 kg/qcm Ueberdruck) mit gutem Vakuum und bei hoher Ueberhitzung (550 bis 600°), mit der Dampfturbine die gleiche Brennstoffausnutzung erzielt wie mit den besten Heißdampf-Kolbenmaschinen, ein Ergebnis, welches allerdings nur mit Regenerierung der Abdampfwärme möglich sein dürfte. Eine solche Heißdampf-Turbinenanlage, bei welcher also auch der Ueberhitzerkessel mit den zugehörigen Regenerator- und Vorwärmereinrichtungen eine wichtige Rolle spielt, ist aus Fig. 20 bis 22 ersichtlich. Gleichzeitig ist die Einrichtung zum Betrieb einer unmittelbar auf den Kessel angeordneten Hoch- und Niederdruckturbine mit Zwischenüberhitzung des Arbeitsdampfes dargestellt, worauf im Anhang unter 4 nochmals hingewiesen ist.

Die Kesselanlage ist für eine stündliche Dampfleistung von 800 kg gedacht, und zwar werden etwa 90 vH dieser Dampfmenge durch die Brennstoffwärme, 10 vH aber durch die Abdampfwärme erzeugt. Der die Turbine mit einer Temperatur von etwa 250° verlassende Abdampf wird vor seinem Eintritt in den Kondensator zunächst durch ein Röhrensystem geführt, welches in den Wasserraum des Kessels gelegt ist (seitwärts vom Flammrohr); alsdann tritt der Abdampf noch durch den Vorwärmer, welcher hier im letzten Zug des Kessels eingebaut ist. Hier soll das Speisewasser, welches dem Kondensat entnommen werden soll und etwa eine Temperatur von 45° C hat, höher erwärmt werden. Der Abdampf tritt mit rd. 160° in den Vorwärmer und verläßt ihn mit etwa 55°, so daß nur noch ein ganz geringer Betrag an Ueberhitzungswärme an das Kühlwasser abgegeben zu werden braucht. Im Kessel selbst herrscht bei einstufigem Betrieb eine dem Dampfdruck entsprechende niedrige Temperatur (z. B. bei 0,5 kg/qcm Ueberdruck rd. 110°), weshalb man es leicht dahin bringen kann, daß die Heizgase, wenn sie das Flammrohr, in welches der Ueberhitzer eingebaut ist, verlassen, nur noch eine solche Temperatur haben, daß man einen Wirkungsgrad der Kesselanlage von etwa 85 vH erwarten darf. Dies ist ein neuer Vorteil des Niederdruckbetriebes und gleichzeitig vorteilhaft für die Ausnutzung der Abdampfwärme.

Für die zu diesem Kessel gehörige Dampfturbine, welche, je nachdem ihr indizierter Wirkungsgrad 60 vH bis 80 vH beträgt, 100 bis 130 PS leisten wird, müssen nun entsprechend dem Druck und der Ueberhitzung die richtigen Düsen hergestellt werden; hierzu gibt Diagramm 21 das Nähere an, wo eine der für die vorliegenden Verhältnisse richtig bemessenen Düsen dargestellt ist, deren Erweiterung einmal unter der Annahme gleichbleibender Temperaturabnahme, das andere Mal gleichbleibender Geschwindigkeitszunahme bestimmt worden ist. Man wird für die praktische Ausführung der Herstellung wegen eine geradlinig begrenzte Erzeugende für den Erweiterungskegel anwenden, welche sich der theoretischen Form möglichst anschmiegt und vor allem das Verhältnis zwischen d_m und d einhält. Dabei ist als Eintrittsgeschwindigkeit in die Düse der Wert

[1]) Zeitschrift des Vereines deutscher Ingenieure 1901 S. 1066.

von 100 m angenommen worden, was in Berücksichtigung der Abmessung der Turbine, sowie des dünnen Dampfes voraussichtlich zutreffen wird. Diese neue Versuchsanlage kommt demnächst im Maschinenlaboratorium in Dresden zur Aufstellung. (Vergl. auch Anhang unter 4.)

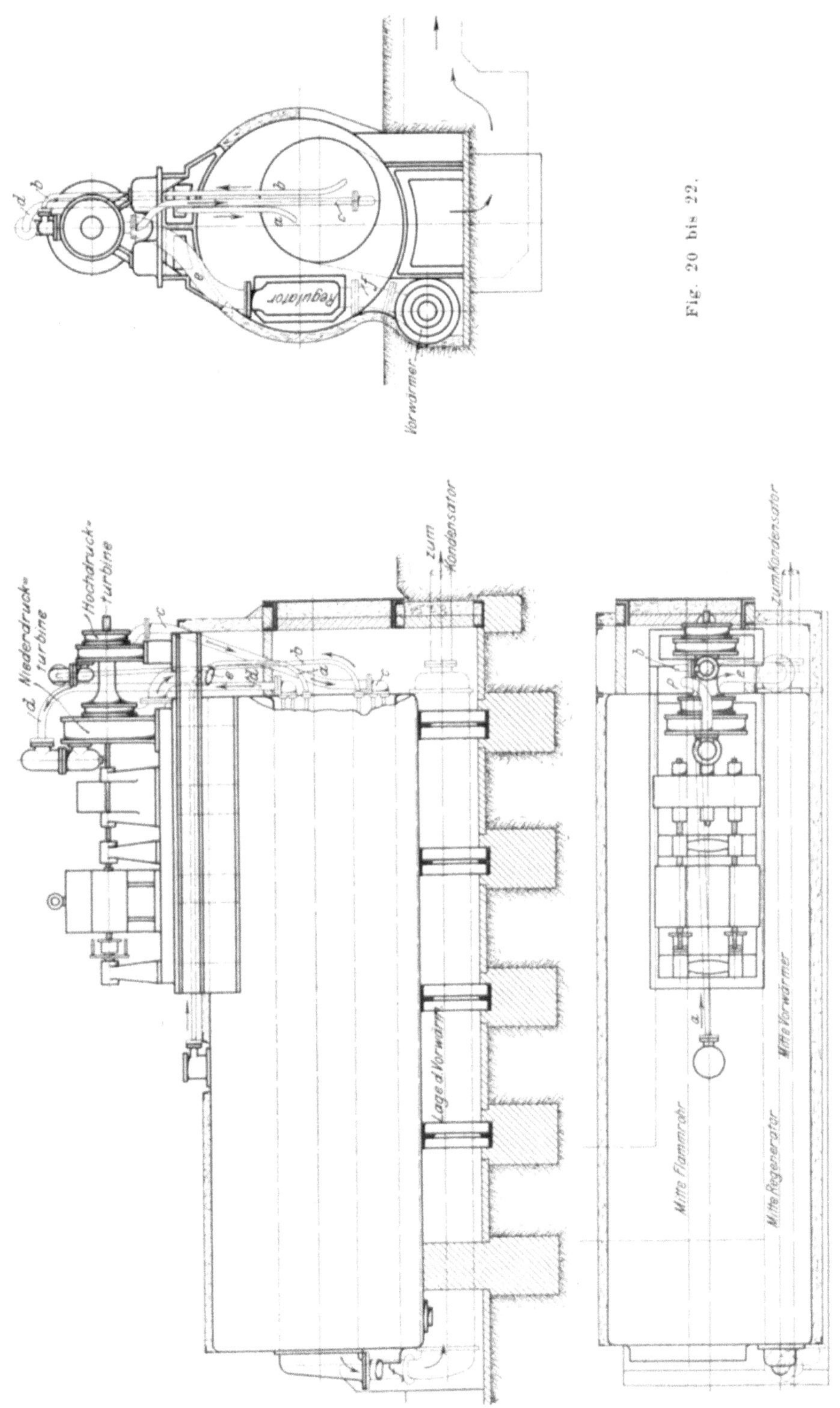

Fig. 20 bis 22.

Zu 8. Die in Zahlentafel 30 zusammengestellten Versuche über die **Wiedergewinnung der Abdampfwärme**, soweit sie im Ueberhitzungsgebiet liegt, sind mit der in Fig. 4 und 5 dargestellten Versuchsanordnung ausgeführt, worüber in § 6 bereits nähere Angaben gemacht sind. Die Versuche, bei denen die jeweilig ausströmenden Dampfmengen mittels der schon bei früheren Versuchen unmittelbar durch Messung geeichten Düsen aus Druck, Temperatur und Düsendurchmesser bestimmt worden sind, entsprechen verschiedenen Betriebszuständen und bezweckten, insbesondere Wärmedurchgangsziffern zu gewinnen für die Bemessung der Heizflächen von Regenerator und Vorwärmer für den neuen Heißdampfbetrieb. Diese Versuche können keinen Anspruch auf Vollständigkeit machen, es sind gewissermaßen Tastversuche, die immerhin einigen Aufschluß geben.

Die dabei erhaltenen Werte von k weichen teilweise anscheinend stark voneinander ab, doch lassen sich dafür ganz bestimmte Gründe angeben, wie wir sehen werden. Es fanden sich folgende Werte für die verschiedenartigen Betriebsverhältnisse:

1) Kaltes Wasser, vorgewärmt im äußeren Mantelraum bei stehender Anordnung des Vorwärmers.

$$k = 97{,}5;\quad 79{,}5;\quad 101{,}2;\quad 79{,}7\ \ldots\ \text{Mittel } 89{,}5.$$

2) Heißes Wasser, vorgewärmt in den Rohren (stehende Anordnung).

$$k = 9{,}4;\quad 7{,}2;\quad 9{,}3;\quad 7{,}6\ \ldots\ \text{Mittel } 8{,}4.$$

3) Kaltes Wasser, vorgewärmt mittels der vom Abdampf durchströmten Rohre (liegende Anordnung).

$$k = 22{,}8;\quad 40{,}3;\quad 31{,}6\ \ldots\ \text{Mittel } 31{,}6.$$

4) Kaltes Wasser, vorgewärmt und verdampft durch Heizrohre (wie bei 3).

$$k = 22.$$

5) Bereits auf Sättigungstemperatur vorgewärmtes Wasser, verdampft durch Heizrohre (wie bei 3).

$$k = 11{,}1;\quad 13{,}4;\quad 12{,}7\ \ldots\ \text{Mittel } 12{,}4.$$

Der Unterschied bei den Versuchen 1 und 2 läßt sich so erklären:

Das kalte Wasser wurde erst um den Mantel geführt und kühlte den überhitzten Dampf an der Innenfläche des Gußzylinders so stark ab, daß er zum Teil kondensierte und das gebildete Kondensat nun am Mantel herablief, wodurch der Wärmeübergang wesentlich vergrößert wurde. Das hierauf durch die Rohre geführte Wasser hatte aber bereits eine hohe Temperatur (über 90°) und wirkte deswegen auf den die Rohre umspülenden überhitzten Dampf nur wenig kondensierend, da es, von unten gleichmäßig unter Ueberdruck emporsteigend, bald auf über 100° kam, so daß der berührende Dampf im wesentlichen überhitzt blieb. Dieser ganze Vorgang ist übrigens wieder ein Beweis dafür, daß im Strömzustand wohl Wasser (Kondensat) und überhitzter Dampf in einem und demselben Raume bestehen können. Bei der liegenden Anordnung, wo also der überhitzte Abdampf durch die Rohre strömte (der Außenmantel war dabei nur als Isoliermantel benutzt), ergaben sich teilweise andere Durchgangsziffern, da hier Wasser von mittlerer Temperatur (45°) in den Vorwärmer trat, wobei auch eine teilweise Kondensation stattfand, welche sich jedoch nur auf einen Teil der Rohre erstrecken konnte. Die Vorwärmung fand hier unter Druck statt; mithin konnte das Wasser über 100° vorgewärmt werden, was bei dem oben angeführten Versuch mit dem Außenmantel nicht der Fall war, wo das Wasser unter Atmosphärendruck stand.

Es ist auf Grund der Beobachtungen besonders hervorzuheben, daß man bei Vorwärmung mittels überhitzten Abdampfes sehr wohl zu unterscheiden hat, ob das zugeführte Wasser mit seiner Anfangstemperatur unter der Sättigungstemperatur des Dampfes, mithin unter 100^0 bei Auspuff- und unter 45 bis 50^0 bei Kondensationsbetrieb sich befindet. In diesem Falle wird der Teil des Vorwärmers, bei welchem die Vorwärmung die Sättigungstemperatur noch nicht erreicht hat, eine wesentlich größere Durchgangsziffer aufweisen, weil hier fortwährend Kondensation des Dampfes an der vom Wasser berührten Heizfläche stattfindet. Die höchste Durchgangsziffer erhält man also, wenn die Vorwärmung noch nicht bis auf Dampfsättigungstemperatur durchgeführt wird, wie im Fall 1. Von dem Zeitpunkt an jedoch, wo die Wassertemperatur über Sättigungstemperatur steigt, hört die Oberflächenkondensation im Vorwärmer auf, und die Durchgangsziffer sinkt ganz bedeutend, wie wir gesehen haben. Die beiden Werte verhielten sich bei den Versuchen mit stehendem Vorwärmer etwa wie 11 : 1, d. h. es fand sich im ersten Falle $k \infty 90$, im zweiten $k = 8$. Dies ist bei Bemessung der Vorwärmflächen wohl zu berücksichtigen, und man wird, um die Ueberhitzungswärme des Turbinenabdampfes voll auszunutzen, am besten tun, wenn man vollkommenen Gegenstrom anwendet und dabei das Speisewasser mit etwas niedrigerer als Sättigungstemperatur in den Vorwärmer eintreten läßt.

Bei den Versuchen kam es nun darauf an, den Betriebzustand herzustellen, welcher der Wirklichkeit entspricht, nämlich die Wassermenge, die stündlich durch den Regenerator oder den Vorwärmer geschickt wurde, mußte gleich sein der aus der Turbine kommenden Dampfmenge. Dies wurde auch angenähert erreicht. Die Abweichungen sind in Zahlentafel 30 eingetragen, und es ist hier noch zu bemerken, daß die Wärmemengen, welche dem überhitzten Abdampf entzogen wurden, mit den vom Speisewasser aufgenommenen Wärmemengen nicht ganz übereinstimmten. Die ersteren sind bei den Versuchen stets größer. Dies hat seinen Grund jedenfalls in dem Wärmeverlust nach außen, der trotz Einhüllung des Vorwärmers (Regenerators) mit Pasquayschen Seidenzöpfen nicht ganz zu vermeiden war. Dann aber ist die durchströmende Dampfmenge auf Grund der Ablesungen am Manometer bestimmt, was auch kleine Unrichtigkeiten im Gefolge hat. Immerhin geben die Versuche doch einigen Anhalt zur Bemessung der Heizflächen für Regenerator und Vorwärmer bei Benutzung überhitzten Heizdampfes. Um den Vorgang bei gleichzeitiger Dampferzeugung und Vorwärmung zu studieren, wobei also der überhitzte Abdampf zuerst im Kessel gesättigten Frischdampf erzeugt, um dann im Vorwärmer das Speisewasser von Kondensatortemperatur auf nahezu Kesseltemperatur zu bringen, wurden 2 Versuche hintereinander gemacht, wobei die Anfangstemperaturen für Dampf und Wasser des zweiten Versuches den Endtemperaturen des ersten angepaßt wurden. Hierdurch konnte in einem Falle mittels des Abdampfes 8 vH trocken gesättigter Frischdampf erzeugt und außerdem das Speisewasser noch nahezu bis auf Kesseltemperatur (entsprechend 4 kg/qcm Ueberdruck) vorgewärmt werden.

Es muß noch bemerkt werden, daß hierbei in jedem Falle gleiche Heizflächenverhältnisse vorlagen, daß man aber bei getrennter Ausführung von Regenerator und Vorwärmer praktisch verschiedene Flächen anwenden wird. Auch war infolge der in den Vorwärmer eingebauten Scheidewände die Gegenstromanordnung nicht völlig einzuhalten, was man bei der praktischen Ausführung entschieden durchführen muß.

Schon bei den ausgeführten Versuchen unter atmosphärischem Druck im Auspuffraum ergab sich, daß es möglich ist, dem Abdampf seine Ueberhitzungswärme bis auf wenige Wärmeeinheiten durch das Speise- oder Kesselwasser zu entziehen. So wurden Abdampftemperaturen beim Verlassen des Wärmeaustauschers von 112° beobachtet, was auf 1 kg Dampf noch eine Ueberhitzung von 5,8 WE bedeutet. Doch wird es möglich sein, auch von diesem Rest, bei Anwendung vollen Gegenstromes, noch einen Teil auszunutzen.

Zu 9. Die Verbesserungen und Abänderungen, welche die Freistrahlturbine zur guten Ausnutzung hoch überhitzten Dampfes noch zu erfahren hat, möchte ich hier nochmals zusammenstellen.

Außer der schon früher erwähnten Ersetzung der Bronzeteile durch solche aus Eisen wird man folgendes zu beachten haben:

1) Es ist für eine vorzügliche Isolierung gegen äußere Wärmeverluste zu sorgen. Diese Isolierung besteht zweckmäßig aus Luftschichten und poröser Kieselguhr-Asbestmasse und hat sich nicht nur auf das Dampfeintritt-, sondern auch auf das Austrittgehäuse zu erstrecken.

2) Zur besseren Ausnutzung der durch die hohe Temperatur gesteigerten Strömenergie ist die Anwendung einer zweistufigen Freistrahlturbine mit hoher Umlaufgeschwindigkeit zu empfehlen. Mehr als 2 Stufen sind nicht nötig und würden die Turbine unnütz verteuern; auch dürfte wohl in einer dritten Stufe die Wirkung des freien Dampfstrahles nicht mehr genau richtig sein. Eine Befürchtung hinsichtlich der Festigkeit des Radkörpers liegt nicht vor, da Temperaturen über 300° im Radgehäuse aus dem schon früher dargelegten Grunde ausgeschlossen sind und die Festigkeit des Stahles bei dieser Temperatur noch nicht sinkt. Führt man die Zweistufigkeit so aus, daß beide Laufräder in getrennten Gehäusen angeordnet sind, so kann mit Vorteil die Zwischenüberhitzung und dabei in der zweiten Stufe eine wesentlich höhere Temperatur des hier niedrig gespannten Arbeitsdampfes angewendet werden.

3) Die Turbine ist möglichst nahe am Kessel aufzustellen, um die Wärmeverluste durch die Rohrleitungen zu verringern.

4) Dem Heißdampfkessel ist besondere Beachtung zu schenken und für hohe Ausnutzung des Brennstoffes im Kessel zu sorgen. (Niederdruckdampfkessel oder eine Verbindung von Hoch- und Niederdruck-Heißdampfkessel, beide mit Regenerator und Vorwärmer, im Flammrohr liegender Ueberhitzer.)

5) Die Regulierung der Turbine hat am besten durch Veränderung der Dampfmenge bei gleichbleibendem Druckverhältnis oder, wenn dies nicht möglich ist, durch gleichzeitige Aenderung von Ober- und Unterdruck zu erfolgen, so zwar, daß das Druckverhältnis $p_1 : p$ unverändert bleibt, wodurch der günstigste indizierte Wirkungsgrad bei gleichbleibender Umlaufgeschwindigkeit erhalten bleibt.

6) Zugunsten eines kleinen Raddurchmessers (wodurch die Radreibung und das der Abkühlung ausgesetzte Gehäuse klein gehalten werden können) ist hohe Umlaufzahl beizubehalten und daher auch das Vorgelege nicht zu umgehen[1]). Es ist jedenfalls der durch das Vorgelege entstehende Arbeitsverlust geringer,

[1]) Nach kürzlich mir gewordenen Mitteilungen arbeiten die jetzt nur aus Stahl hergestellten breitzahnigen Räder-Vorgelege der de Laval-Gesellschaft ausgezeichnet, mit hohem Wirkungsgrad und sehr geringem Verbrauch an frischem Oel. Auch werden mit der Zeit die Schneckengetriebe wohl hier mit in Frage kommen, die jetzt schon Wirkungsgrade bis 95 vH aufweisen (vergl. Zeitschrift des Vereines deutscher Ingenieure 1902 S. 915).

als der Gewinn an indizierter Leistung bei Anwendung langsamer laufender Vielstufen-Turbine mit großem Raddurchmesser[1]).

Hieran anschließend sollen die Vorteile des Heißdampfbetriebes bei Freistrahlturbinen nochmals zusammengestellt werden, wobei die bereits bekannten Vorteile der Dampfturbine gegenüber den Kolbenmaschinen außer Betracht gelassen werden, ebenso wie die schon oft hervorgehobenen, nicht zu leugnenden Nachteile für gewisse Betriebsverhältnisse hier nicht nochmals aufgezählt werden mögen.

Durch sachgemäße Anwendung hoher Ueberhitzung bei Freistrahlturbinen werden folgende Vorteile erreicht:

1) geringere Radreibungsverluste, infolgedessen
2) bessere Dampf- und Wärmeausnutzung bei Anwendung der Wärmeregenerierung;
3) die Möglichkeit, mit überdrucklosem Dampfkessel noch zweckmäßig zu arbeiten;
4) geringere Abnutzung der Radschaufeln, welche erfahrungsgemäß durch nassen Dampf rascher abgenutzt werden als durch trockenen. (Niedrige und mäßige Ueberhitzung bringen bei adiabatischer Expansion in der Düse immer noch Wasserausscheidung mit sich.)

§ 11.
Zur Theorie der Heißdampf-Freistrahlturbine.

Unter teilweiser Benutzung der in den vorhergehenden Abschnitten gemachten Angaben und im Anschluß an die von Zeuner für gesättigten Dampf gegebenen theoretischen Grundlagen soll nun zusammenfassend dasjenige dargestellt werden, was zur Beurteilung des Heißdampfbetriebes einer Freistrahlturbine de Lavalscher Bauart von Wichtigkeit ist.

Die verwendeten Bezeichnungen decken sich vollständig mit den Zeunerschen.

Da sich der überhitzte Dampf wie ein Gas verhält, so gelten die hierfür aufgestellten Beziehungen mit dem Unterschied, daß für das Verhältnis der spezifischen Wärmen $c_p : c_v = \varkappa$ der Wert $1{,}333 = \frac{4}{3}$ zu setzen ist[2]).

---

[1]) Diese Bemerkung bezieht sich auf die Freistrahl-Turbine, wie überhaupt der Betrieb mit hoch überhitztem Dampf bei der Vielstufen-Ueberdruckturbine (Vollturbine) noch nicht praktisch erprobt ist. Man darf sehr gespannt sein, wie sich die Anwendung von 300 grädigem Dampf bei der jetzt in Frankfurt aufgestellten Parsons-Turbine von Brown, Boveri & Cie. bewähren wird.

[2]) In der neuesten Auflage seiner Thermodynamik T. I S. 216 ff. geht Zeuner auf die neueren Untersuchungen ein, nach denen $\varkappa$ für den überhitzten Dampf keinen festen Wert hat, kommt jedoch zu dem Schlusse, daß der von ihm angenommene, auf den Versuchen von Regnault beruhende mittlere Wert $c_p = 0{,}48$ für die Praxis vorläufig als gültig anzusehen sei. Die Berechnung von c_p aus der Formel $c_p = 0{,}305 + (ABT - Apu)\frac{dp}{p\,dt}$ ergibt allerdings einen mit steigender Temperatur steigenden Wert von c_p, mithin müßte auch $\varkappa$ veränderlich sein, d. h. mit steigender Temperatur ebenfalls steigen. Bevor nicht physikalisch einwandfreie Messungen über die Aenderung der spezifischen Wärme c_p des überhitzten Dampfes bei gleichbleibendem Druck und steigender Ueberhitzung vorliegen, muß man sich mit dem Werte $\varkappa = \frac{4}{3}$ begnügen, obwohl die hier in Frage kommenden Temperaturen des Heißdampfes über der von Zeuner angegebenen Grenze liegen. Es fehlt eben noch an versuchsmäßig bestimmten Werten von c_p für hohe Ueberhitzung; solche Versuche sind gegenwärtig (1902) vorbereitet bezw. im Gange. Wesentliche Aenderungen in den Ergebnissen würde übrigens ein höherer Wert von c_p (im Höchstfalle käme etwa 0,57 in Frage) nicht bedingen.

Die aus 1 kg des aus der richtig erweiterten Düse ausströmenden Dampfes verfügbar werdende Arbeit (Strömenergie) bestimmt sich aus der Grundbeziehung für die Umwandlung potentieller in kinetische Energie bei Gasen, welche lautet:

$$d\left(\frac{w^2}{2g}\right) = v\,dp \quad \ldots \ldots \ldots \ldots \quad (1)$$

unter Benutzung der Gleichung der Adiabate

$$p v^{\varkappa} = p_1 v_1^{\varkappa} = C \quad \ldots \ldots \ldots \ldots \quad (2).$$

Differenziert man letztere Gleichung, so ergibt sich

$$\varkappa p\,dv + v\,dp = 0 \quad \ldots \ldots \ldots \ldots \quad (3).$$

Addiert man beiderseits $k v d_p$, so schreibt sich die letzte Gleichung

$$\varkappa p\,dv + \varkappa v\,dp + v\,dp = \varkappa v\,dp \quad \ldots \ldots \ldots \quad (4).$$

Zusammengezogen heißt dies aber

$$(\varkappa - 1) v\,dp = \varkappa\, d(pv) \quad \ldots \ldots \ldots \quad (5).$$

Hieraus $v\,dp$ bestimmt und in Gl. (5) eingesetzt, gibt

$$d\left(\frac{w^2}{2g}\right) = -\frac{\varkappa}{\varkappa - 1}\, d(pv).$$

Unter der Voraussetzung, daß im Düseneintrittraum die Geschwindigkeit 0 herrscht, erhält man durch Integration

$$H = \frac{w^2}{2g} = \frac{\varkappa}{\varkappa - 1}(p_1 v_1 - p v) \quad \ldots \ldots \ldots \quad (6).$$

Dies ist die Hauptbeziehung für die Ermittlung der verfügbaren Strömenergie.

Für überhitzten Dampf, wo $\varkappa = \frac{4}{3}$ ist, geht der Ausdruck über in die einfache Form

$$H = 4(p_1 v_1 - p v) \quad \ldots \ldots \ldots \ldots \quad (7).$$

Ist jedoch beim Eintritt in die Düse schon eine Zuströmgeschwindigkeit w_0 vorhanden, so kommt deren Strömenergie $H_0 = \frac{w_0^2}{2g}$ noch hinzu, und es ist

$$H = H_0 + 4(p_1 v_1 - p v) \quad \ldots \ldots \ldots \quad (7\,a).$$

Die Geschwindigkeit w_0 wird jedoch bei praktischen Rechnungen, da sie im Verhältnis zu w gering ist, vernachlässigt werden können[1]).

Aus Gl. (2) folgt nun

$$\frac{pv}{p_1 v_1} = \left(\frac{v_1}{v}\right)^{\varkappa - 1} = \left(\frac{p}{p_1}\right)^{\frac{\varkappa - 1}{\varkappa}} \quad \ldots \ldots \ldots \quad (8)$$

und hiermit ergibt sich endlich die Austrittgeschwindigkeit w aus der Düsenmündung, wenn man die Konstanten-Zahlenwerte einschließlich $\varkappa$ einführt:

$$w = 2{,}8284 \sqrt{g p_1 v_1 \left[1 - \left(\frac{p}{p_1}\right)^{0{,}25}\right]} \quad \ldots \ldots \ldots \quad (9).$$

Ist G die sekundliche Dampfmenge, F der Austrittsquerschnitt, so ist, da $Gv = Fw$, unter Berücksichtigung von Gl. (2)

---

[1]) w_0 muß im Ueberhitzer durch einen, dem Druck- und Temperaturverlust in der Leitung entsprechenden Mehraufwand an Brennstoffwärme erzeugt werden.

$$G = \frac{F}{v_1}\left(\frac{p}{p_1}\right)^{0,75} w \quad . \quad . \quad . \quad . \quad . \quad . \quad . \quad . \quad . \quad . \quad (10).$$

Setzt man w nach Gl. (9) ein, so wird

$$G = 2{,}8284\, F \sqrt{\frac{g}{v_1}\left[\frac{p^{1,5}}{p_1{}^{0,5}} - \frac{p^{1,75}}{p_1 \cdot {}^{0,75}}\right]} \quad . \quad . \quad . \quad . \quad . \quad . \quad (11).$$

Nun ist noch die Beziehung aufzustellen, für welchen Klammerausdruck der Wert unter der Wurzel ein Maximum, der Querschnitt F also ein Minimum wird (F_m). Setzt man $p = p_m$, so findet sich durch Differenzieren und Nullsetzen

$$p_m = \left(\frac{6}{7}\right)^4 p_1 = 0{,}5396\, p_1 \quad . \quad . \quad . \quad . \quad . \quad . \quad . \quad . \quad (12).$$

Damit findet sich aber für $\frac{G}{F_m}$ der Ausdruck

$$\frac{G}{F_m} = 2{,}8284 \sqrt{g \frac{p_1}{v_1}\left(\frac{6}{7}\right)^6 - \left(\frac{6}{7}\right)^7} = 2{,}1085 \sqrt{\frac{p_1}{v_1}} \quad . \quad . \quad . \quad . \quad (13).$$

Das ist der Wert für p_m bezw. $\frac{G}{F_m}$, den ich bereits in der Zusammenstellung § 7 für überhitzten Dampf gegeben habe. Damit folgt auch für die Durchflußgeschwindigkeit w_m nach Gl. (9)

$$w_m = 3{,}348 \sqrt{p_1 v_1} \quad . \quad . \quad . \quad . \quad . \quad . \quad . \quad . \quad . \quad . \quad (14).$$

Es bleibt nun noch die Beziehung $\frac{F}{F_m}$ zu bestimmen; sie ergibt sich aus dem Quotient $\frac{w}{w_m}$, und man erhält dafür (vergl. § 7)

$$\frac{F}{F_m} = \frac{0{,}2380}{\sqrt{\left(\frac{p}{p_1}\right)^{1,5} = \left(\frac{p}{p_1}\right)^{1,75}}} \quad . \quad . \quad . \quad . \quad . \quad . \quad . \quad . \quad (15).$$

Diese Gleichung gibt dann schließlich die Unterlage für Berechnung von $\frac{d}{d_m}$, d. h. für die Ermittlung der Düsenerweiterung.

Es ist hier allgemein

$$\frac{d}{d_m} = \sqrt{\frac{F}{F_m}}$$

und mithin nach Gl. (15)

$$\frac{d}{d_m} = \sqrt{\frac{0{,}2380}{\sqrt{\left(\frac{p}{p_1}\right)^{0,5} - \left(\frac{p}{p_1}\right)^{1,75}}}} \quad . \quad . \quad . \quad . \quad . \quad . \quad . \quad . \quad (16).$$

Hiermit sind die Grundlagen zur Berechnung der Geschwindigkeiten und Düsenquerschnitte für gegebenes Druckverhältnis und gegebene Ueberhitzung festgelegt. Zur Bestimmung des spezifischen Volumens v_1 ist die schon angeführte Zustandsgleichung für überhitzten Dampf anzuwenden.

Die Berechnung der »indizierten«, d. h. »hydraulischen« Leistung der Turbine geschieht nun ganz wie von Zeuner angegeben, wobei allerdings hinsichtlich des indizierten Wirkungsgrades von der Voraussetzung des stoßfreien Eintrittes ausgegangen wird. In § 10 habe ich darauf hingewiesen, daß man beim Heißdampfbetrieb durch Beobachtung der Ausströmtemperatur in der Lage ist, trotz des Eintrittstoßes den indizierten Wirkungsgrad angenähert zu ermitteln, was bei gesättigtem Dampf wegen Unkenntnis der Feuchtigkeit im Austrittsdampf nicht möglich ist, weshalb man zu der Annahme stoßfreien Eintrittes genötigt war.

Anmerkung. In Zahlentafel 1 ist angegeben, für welches Druckverhältnis $p_1 : p$ die verschiedenen (erweiterten) Düsen gerade richtige Erweiterung besaßen, und wir könnten für einzelne Versuche durch Rechnung nachweisen, daß bei zu großer Erweiterung die Geschwindigkeit w geringer und demnach die Temperatur t höher sein mußte, ebenso wie dies der Fall sein muß, wenn die Düsen zu wenig erweitert sind, nur mit dem Unterschied, daß dann der Druck in der Mündung noch höher ist als der Gegendruck p. Im ersteren Falle findet in der Düse, nachdem an einer Stelle der Druck p eingetreten ist, noch eine Zustandsänderung bei gleichbleibendem Druck statt, d. h. es wird durch Erweiterung des Strahlquerschnittes die Dampfgeschwindigkeit und somit die Strömenergie H wieder abnehmen. Es sei am Düsenende die Strömenergie H_2; so wird die Wärmemenge $A(H - H_2)$ dazu verwendet, die Dampftemperatur zu heben, und zwar erfolgt eine Ueberhitzung bei konstantem Druck. Also besteht die Beziehung

$$A(H - H_2) = c_p(t_2 - t'),$$

mithin wird

$$t_2 = \frac{A(H - H_2) + t' c_p}{c_p}.$$

Hierin ist H_2 auszudrücken durch die Zustandsgleichung und die Beziehung $\frac{F w}{v} = \frac{F_2 w_2}{v_2}$.

Im andern Fall, wo die Düse zu wenig erweitert ist, ist also die adiabatische Expansion beim Austritt noch nicht bis auf den Gegendruck gekommen und daher noch nicht die ganze Strömenergie erreicht. Hier müssen wir zurückgehen auf die Gl. (11) des vorigen Abschnittes, worin für p p_x zu setzen ist, Gl. (11) ist nach p_x aufzulösen und dann mit Gl. (2) v zu bestimmen, woraus wiederum durch Einsetzen in die Zustandsgleichung t_x zu finden ist.

§ 12.

Uebersicht der hauptsächlichsten Versuchsergebnisse an Hand der Zahlentafeln und Diagramme. (Siehe § 9.)

1) Druckmessungen an Dampfstrahlen. (Vergl. Zahlentafel 9.)

a) Verengte Düse. Es seien folgende Ergebnisse hervorgehoben:

Versuch Nr.		Plattendr. b.		Dampftemperat. in Entfernung				
Versuch Nr. 10	Plattendr. b.	228°	Dampftemperat.	in	Entfernung	34,5	mm	2,160 kg
» » 20	»	» 228°	»	»	»	125	»	2,253 »
» » 15	»	» 232°	»	»	»	60	»	2,183 »
» » 19	»	» 232°	»	»	»	114	»	2,259 »
» » 21	»	» 232°	»	»	»	147	»	2,230 »

Bemerkung. Es zeigt sich, daß der Druck in einer bestimmten Entfernung der Platte (114 mm) am höchsten wird; mithin expandiert der Dampf nach dem Austritt, wie es nach der Theorie zu erwarten ist.

b) Erweiterte Düse, erweitert im Verhältnis $\frac{d}{d_m} = 1{,}281$.

Ueberhitzter Dampf, 152 mm Entfernung				Gesättigter Dampf, 152 mm Entfernung
Druck p_1	6,375 kg/qcm	Plattendruck	2,102 kg	
»	6,965 »	»	2,346 »	2,358 kg
»	7,565 »	»	2,590 »	

Die Geschwindigkeit war dabei um 2,8, 3,1, 3,6 und 4,7 vH hinter der theoretischen geblieben.

Die Düse war richtig erweitert für überhitzten Dampf bei $p_1 : p = 7{,}02$, für gesättigten Dampf bei $p_1 : p = 5{,}4$. Innerhalb der Entfernungen 101 bis 210 mm war die Druckwirkung auf die Platte nahezu die gleiche und zugleich höchste.

c) Dieselbe Düse, aber kurz hinter dem engsten Querschnitt abgedreht (Verkürzung um 30,5 mm). Die Geschwindigkeit war bei 104 mm Entfernung am nächsten an der theoretischen (w), nämlich nur 2,0 vH niedriger. Bei 90 mm war die Abweichung schon 7,3 vH. Die erweiterte Düse zeigte in dieser Entfernung nur 4,6 vH Abweichung. Am besten war das Ergebnis bei $p_1 = 6{,}375$ kg/qcm, 104 mm, gesättigter Dampf (1,4 vH Abweichung).

Bemerkung. Die größeren Widerstandskoeffizienten ζ, welche sich aus dem Vergleich der theoretischen und praktischen Geschwindigkeit ergeben, sind im Luftwiderstand begründet und können mithin ein Maß für diesen Widerstand abgeben; sie enthalten den Düsen-Widerstandskoeffizienten ζ mit, wie er z. B. für Versuch vom 3. April 01 zu 0,0114 gefunden wurde. Die verringerte Geschwindigkeit kommt deutlich zum Ausdruck in der erheblichen Strahlerweiterung außerhalb der Mündung, wobei allerdings zu berücksichtigen ist, daß infolge der Mischung mit Luft eine Vergrößerung der strömenden Masse eintritt (vergl. S. 76 unter c).

2) Die auf Zahlentafel 10 verzeichneten Versuche über die Endtemperaturen des Dampfes im Turbinengehäuse bei stillstehender Turbine und bei herausgenommenem Rad haben nur insofern Wert, als aus den mit Hülfe der Gleichung $p_1 v_1^{\varkappa} = p\, v^{\varkappa}$ gefundenen Werten für $\varkappa$ hervorgeht, daß sich der Dampf im Turbinengehäuse noch in großer Geschwindigkeit (Wirbelung) befindet und daß die Geschwindigkeit bei herausgenommenem Rade noch wesentlich größer ist. Die gewonnenen Endtemperaturen (bei stehendem Rade) können als Grenzwerte für die bei den Bremsversuchen mit sinkender Umlaufzahl gewonnenen Ergebnisse angesehen werden.

3) Die mit erweiterten und verengten Düsen ausgeführten Vakuummessungen bei gleichbleibender Ueberhitzung (290°) und bei verschiedenen Ueberdrücken zeigten durchgängig ein Steigen des Gegendruckes um 3 bis 4 cm Quecksilbersäule bei der letzteren Düsengattung, ein Nachweis, daß hier der Dampf noch mit Ueberdruck austritt.

4) Leerlaufversuche (Zahlentafel 12).

Die Arbeit des Radwiderstandes wurde gefunden durch Subtraktion der Werte der Versuchsreihe IV, welche ohne Turbinenrad ausgeführt wurden[1]).

Für die Reibung der Stopfbüchsenpackung ergibt sich für 2000 Umläufe der Wert 0,13 PS, was etwa 0,4 vH der Normalleistung der Turbine (30 PS) ausmacht. Aus dem Vergleich von IV und V ergibt sich die Reibungsarbeit der Zahnräder einschließich Lagerreibung (im Leerlauf) zu $2{,}26 - 1{,}63 - 0{,}13 = 0{,}50$ PS.

Bemerkenswert ist der kleinste Wert des Radwiderstandes 0,59 PS beim absoluten Druck von 0,379 kg/qcm im Radgehäuse (entsprechend einem Vakuum 45,6 cm Quecksilbersäule und310° Dampftemperatur gegenüber einem solchen von 1,51 PS bei fast demselben Vakuum, aber nur 75° Dampftemperatur. Dies bedeutet pro Grad Ueberhitzung eine Abnahme des Radwiderstandes von 0,004 PS. Im atmosphärischen Druck ergaben die Versuche bei 301° 1,86 PS und bei 100° 3,26 PS, also ein Unterschied von $3{,}26 - 1{,}86 = 1{,}4$ PS, was pro Grad Temperaturzunahme 0,007 PS Widerstandsabnahme bedeutet.

---

[1]) Hier mußte allerdings die Vermehrung der Zahnreibung bei Steigerung des Radwiderstandes unberücksichtigt gelassen werden.

Der Einfluß der Radumlaufgeschwindigkeit auf den Radwiderstand ist aus den Reihen I und II erkenntlich, und es zeigt sich, daß die Widerstandsarbeit in Luft rascher mit der Geschwindigkeit wächst, als in Dampf. Hervorzuheben ist schließlich noch, daß der Radwiderstand beim Uebergang aus dem Sättigungszustand in den überhitzten, und zwar bei einer Temperatur von nur 105°, bereits von 5,53 auf 5,34, d. h. um rd. 0,2 PS sinkt, d. h. für 1 Grad Temperaturzunahme um 0,01 PS, während schon bei dem nächsten Intervall von 18° die Radreibung auf 1 Grad Temperaturzunahme um 0,014 PS abnimmt. Von der Aufstellung von Formeln für den Radwiderstand in den verschiedenen Medien bei verschiedenen Drücken und Temperaturen habe ich abgesehen; vor allem, weil die Versuche hierzu nicht zahlreich genug gewesen sind, und dann, weil, wie schon erwähnt, die Aenderung der Zahnreibung des Vorgeleges nicht bekannt ist. Immerhin gaben die Versuchzahlen an sich über diese bisher noch nicht experimentell näher untersuchten Beziehungen bei der de Laval-Turbine willkommene Anhaltspunkte bei Beurteilung des Wirkungsgrades η_m.

5) Die in den Zahlentafeln 13, 14 und 15 sowie den Diagrammen 9, 9a und 10 zusammengestellten Versuche geben in ihren Hauptergebnissen, nämlich dem Produkte $P.n$ (Bremsbelastung $\times$ Umlaufzahl), darüber Aufschluß, bei welcher Umlaufzahl der Gesamtwirkungsgrad $\eta = \eta_i \eta_m$ am günstigsten ausfällt, und zwar zeigen die Vergleichversuche für gesättigten und überhitzten Dampf, daß bei letzterem, wie es die Theorie voraussetzen ließ, die höchsten Leistungen bei höheren Umlaufzahlen eintreten als bei gesättigtem Dampf. Die Versuche vom 17. April und 4. Oktober (Kontrolle) 1901 sind nach allen in Betracht kommenden Richtungen durchgerechnet, Versuch 1 auch graphisch dargestellt, (Zahlentafel 15 und Diagramm 10) und zeigen alle die charakteristischen Aenderungen, welche durch die wechselnde Geschwindigkeit bedingt werden, also namentlich die im entgegengesetzten Sinne erfolgende Aenderung von η_i und η_m, während das Produkt $\eta = \eta_i \eta_m$ mit steigender Umlaufzahl fortwährend wächst und bei den vorliegenden Versuchen seinen Höchstwert noch nicht erreicht hat. Die Zahlentafel 13 mit Diagramm 9 gibt für verschiedene Drücke die jeweiligen Höchstwerte von Pn, und zwar sowohl bei erweiterten als auch bei verengten Düsen. Es ist hier hervorzuheben, daß die Höchstwerte im allgemeinen mit steigendem Drucke bei immer höheren Umlaufzahlen eintreten; jedoch wird, wie zu erwarten war, bei verengten Düsen diese Höchstleistung bei niedrigeren Umlaufzahlen erreicht, als bei den erweiterten, welche gerade für die Drücke 6 und 7 kg/qcm richtig erweitert sind, während die verengten bei 4 kg/qcm günstiger wirken müssen. Annähernd die gleiche Leistung hatten die erweiterten bei 5 kg/qcm und $n = 1451$ wie die verengten bei gleichem Druck, aber $n = 1630$, ein Zeichen, daß hier die Wirkungsgrade η trotz verschiedener Werte ihrer Faktoren annähernd gleich groß sein müssen. Die höchste Leistung und mithin der höchste Wirkungsgrad trat ein bei den mit höchster Umlaufzahl (2354 und 2303) ausgeführten Versuchen mit hoher Ueberhitzung (363° und 325°).

6) Die Zahlentafeln 16 bis 21 (Diagramm 11 und 12) geben die Vergleichversuche bei wechselndem Druck und wechselnder Beaufschlagung für beide Dampf- und beide Düsenarten wieder. Die hauptsächlichsten Ergebnisse sind bereits bei Besprechung von Frage 2 erwähnt, und es ist noch hervorzuheben, daß die verengten Düsen bei den niederen Drücken günstigere Ergebnisse lieferten als die für höhere Drücke erweiterten Düsen. Hervorzuheben sind dabei die beim Leerlauf der Turbine sich ergebenden Dampfdrücke, welche am besten zeigen, daß die verengten Düsen hier günstiger arbeiten als die zu stark erweiterten, bei denen jedenfalls infolge Eintretens des Atmosphärendruckes in der Düse

starke Wirbelungen und Geschwindigkeitsverluste vorhanden sein müssen. Den Vergleich der höchsten Leistungen bei gesättigtem und überhitztem Dampfe gibt der schon mehrfach erwähnte Versuch vom 3. April 1901, welcher bei einer Temperatur von 500°, voller Beaufschlagung (3 Düsen) und bei 6,98 kg/qcm absoluter Eintrittspannung eine Bremsleistung von 52 PS ergab, während der analoge Versuch mit gesättigtem Dampf nur 44,1 PS aufwies. Daß der Wirkungsgrad η hier zugunsten des gesättigten Dampfes ausfiel (0,460 gegen 0,426), hat seinen Grund darin, daß die Umlaufgeschwindigkeit im zweiten Fall nicht ebenso günstig war wie im ersten, was an der Verschiedenheit von η_i zu erkennen ist. Ueber den Unterschied der beiden Werte N_i' und N_i ist bei Behandlung der Wirkungsgrade (§ 10, 2 und 4) Näheres gesagt, ebenso über die Beziehungen zwischen den Leistungen bei den verschiedenen Teilbeaufschlagungen (2 kleine und 1 große Düse).

Der Vergleichversuch vom 13. August 1901 (Zahlentafel 23) sollte nochmals den Unterschied zwischen der richtig erweiterten und verengten Düse klar machen; er ergab, daß die erweiterten Düsen trotz etwas geringerer Dampftemperatur t_1 und um 12 vH geringeren Querschnitt eine um 4 PS größere Bremsleistung erzielten, was auf den Dampfverbrauch von großem Einfluß war. Derselbe sank nämlich bei den erweiterten Düsen gegenüber den verengten von 19,78 kg auf 14,94 kg für 1 PS_e-st. Die bessere Leistung drückt sich auch aus in der höheren Abgangstemperatur bei der verengten Düse (228° gegen 202° bei 336° gegen 326° Eintrittstemperatur) sowie durch besseren Wirkungsgrad η (0,433 gegen 0,320).

7) Die Zahlentafeln 25 bis 28 nebst zugehörigen Diagrammen 16 und 17 geben diejenigen Versuche wieder, welche den Einfluß steigender Ueberhitzung bei sonst gleichbleibenden Betriebsverhältnissen klarlegen sollten.

Hierbei ist als wesentlich hervorzuheben, daß das Sinken des Dampfverbrauches ein Wachsen der Bremsleistung hervorrief, und zwar ohne daß dabei die Umlaufzahl auch mit gesteigert wurde. So zeigt z. B. die Reihe in Zahlentafel 25 bei einer Temperatursteigerung 164° bis 460° eine Leistungssteigerung von 19,4 bis 24,53 PS, während der Brutto-Wärmeverbrauch $Q_1 : N_e$ von 13239 auf 10159 sank. Dabei stieg die Austrittstemperatur t von 100 auf 309,0 und der thermische Wirkungsgrad

ohne Regenerierung von 4,81 auf 6,27 vH
mit » » 4,81 » 7,17 »

Mit andern Worten: durch die Steigerung der Ueberhitzung um 460—164 = 296°, d. h. durch Zufuhr von 296 · 0,48 = 142 WE auf 1 kg Dampf stieg die Leistung um 5,13 PS. Da nun aber die Gesamtmenge G_h hierbei von 387 auf 312, d. h. um 75 kg abnahm, so entspricht der Steigerung der Bremsleistung um 5,13 PS ein stündlicher Brutto-Minderaufwand an Dampfwärme von 4870 WE, was den thermischen Wirkungsgrad ohne Regenerierung um 30 vH, mit Regenerierung aber um 48 vH verbesserte. Da die Umlaufzahl unverändert erhalten wurde, sank naturgemäß der indizierte Wirkungsgrad (von 0,535 auf 0,468), während der mechanische Wirkungsgrad η_m sich von 0,765 auf 0,873 verbesserte. Durch Steigerung der Geschwindigkeit würde man also auch noch eine Steigerung des Gesamtwirkungsgrades η erzielen können[1]).

Aehnliche Ergebnisse hatte die auf Zahlentafel 26 dargestellte Versuchsreihe, welche mit voller Beaufschlagung (3 erweiterten Düsen), aber bei einem

[1]) Die Steigerung von η_m ist zum Teil auf Rechnung der Temperaturzunahme des Abdampfes, zum Teil jedoch auf Steigerung der Bremsleistung überhaupt zu setzen.

Druck p_1 von 4,3 kg/qcm ausgeführt wurde. Bei einer Temperaturzunahme von 159° bis 463°, entsprechend einer Wärmevermehrung von 146 WE für 1 kg Dampf, betrug die Leistungszunahme 3,31 PS, wogegen sich der stündliche Brutto-Minderverbrauch an Wärme auf 4870 WE stellte, was für den thermischen Wirkungsgrad (ohne Regenerierung) eine Verbesserung von rd. 27 vH bedeutet[1]).

Die mit Kondensation ausgeführten Versuchsreihen sind auf den Zahlentafeln 27 und 28 zusammengestellt und ergaben mit Berücksichtigung der Regenerierung eine relative Verbesserung des thermischen Wirkungsgrades um 26 vH (Versuch 11 Zahlentafel 28) und 43 vH (Versuch 15 Zahlentafel 27). Dieser wesentliche Unterschied ist in dem Umstand begründet, daß bei halber Beaufschlagung (Zahlentafel 27) die Anfangsleistung N_e wesentlich niedriger liegt als bei Zahlentafel 28 (3 Düsen), und ferner, daß das Vakuum im ersteren Falle besser war als im letzteren. In Zahlenafel 27 ist in der letzten Spalte noch ein Dauerversuch mit 3 Düsen verzeichnet, welcher seiner Anfangstemperatur nach zwischen Versuch 10 und 11 der Zahlentafel 28 einzuschalten sein würde, wenn er nicht bei geringerem Vakuum stattgefunden hätte (Gegendruck 0,469 statt 0,41). Dementsprechend weist er auch einen geringeren Wert für η_{te} auf als Versuch 10 in Zahlentafel 28. Schließlich ist zu erwähnen, daß in Zahlentafel 28 in der dritten wagerechten Reihe von oben die Austrittstemperaturen aus den Werten für $N_i = N_e + N_l + N_z$ rückwärts gerechnet worden sind, und der Vergleich mit der beobachteten Temperatur t zeigt eine verhältnismäßig gute Uebereinstimmung insofern, als in der Differenz der Abkühlungsverlust mit enthalten ist.

Die Versuche, welche die Druckstufen-Turbine (Zahlentafel 29) und die Regenerierung, d. h. Rückführung der Abdampf-Ueberhitzungswärme (Zahlenafel 30) betreffen, sind im Anhang 2 und in § 11 besprochen.

Die folgende Zahlentafel 31 gibt das Originalprotokoll des oft angeführten Hauptversuches vom 3. April 1901 wieder und zeigt, wie die einzelnen Beobachtungen hierbei erfolgt und registriert worden sind.

Es erübrigt noch eine Zusammenstellung der Vorteile, die beim Betrieb von Freistrahlturbinen durch hohe Ueberhitzung erzielt werden können.

1) Der Bruttoverbrauch an Dampfwärme sinkt bei gleichbleibender Leistung mit steigender Ueberhitzung.

2) Es läßt sich der Wärmeverbrauch noch verringern, wenn man die im Abdampf enthaltene Ueberhitzungswärme für den Frischdampf wieder verwendet, was bei Kolbenmaschinen wegen der niedrigeren Anfangstemperatur (nicht über 350°) nicht ebenso in Frage kommt.

3) Die Möglichkeit mit sehr niedrigen Drücken (bei Kondensationsbetrieb) zu arbeiten, was

a) explosionssichere Kessel,
b) höheren Kesselwirkungsgrad,
c) für die Turbine gleich guten hydraulischen Wirkungsgrad, wie bei Auspuffbetrieb mit gleichem Druckverhältnis $p_1 : p$ zur Folge hat.

4) Geringere Abnutzung der Schaufeln des Turbinenrades, als bei Naßdampfbetrieb und bei geringer Ueberhitzung, wo der Dampf in der Düse naß wird.

---

[1]) Die geringere Ausnutzung gegenüber der Versuchsreihe Zahlentafel 25 ist dadurch begründet, daß die Düsen (3, 8 und 6a) für den vorliegenden Dampfdruck etwas zu sehr erweitert waren. Dafür trat aber eine etwas höhere Abdampftemperatur ein, welche der Regenerierung wieder zugute kommt. Die relative Verbesserung des η_{te} mit Regenerierung beträgt bei den Versuchen Zahlentafel 25 und 26 48 vH und 60 vH.

Gegenüber der Heißdampf-Kolbenmaschine ist die Freistrahl-Dampfturbine in folgenden Punkten günstiger gestellt[1]):

1) sie gestattet höhere Ueberhitzungsgrade;
2) sie nutzt die Expansion vollkommener aus selbst bei niedrigen Anfangsdrücken;
3) sie gibt als Einstufen-Turbine gleich guten wirtschaftlichen Wirkungsgrad wie bei Mehrfachexpansions-Kolbenmaschinen;
4) als Mehrstufen-Turbine gibt sie einen höheren wirtschaftlichen Wirkungsgrad[2]), und hat
5) geringeren Schmierölverbrauch.

Anhang.

1) Formeln und Konstanten zur Bestimmung der Bremsarbeit N_e sowie der Zusatzarbeit (Zahnreibungsarbeit des Vorgeleges).

Die Bremsarbeit (Nutzarbeit) der Turbine setzt sich zusammen aus 2 Teilen.

$$N_e = N_{e1} + N_{e2}.$$

$$N_{e1} = C P n,$$

worin

$C = \frac{l\pi}{30.75} = 0{,}000841$ m und vom 22. Dezember 1900 an 0,000825 m

l den Bremshebel $= 0{,}602$ m und vom 22. Dezember 1900 an 0,591 m,
P die Bremsbelastung,
n die Umlaufzahl der Bremsscheibe (d. h. der Vorgelegewelle).

Mithin ist

$$N_{e1} = 0{,}000841\, Pn \text{ bezw. } 0{,}000825\, Pn.$$

$N_{e2} - C_0(P + P_0)n =$ Arbeit aus der durch die Mehrbelastung der Vorgelegewelle erzeugten Lagerreibungsarbeit[3]).

Es ist

$$C_0 = \frac{\mu r \pi}{30.75}, \text{ worin } r = 0{,}0185 \text{ m}, \ \mu = 0{,}02\,^{4)},$$

daher wird

$$C_0 = 0{,}000000517,$$

$P_0 = 34{,}7$ kg (Eigengewicht der Bremse), seit 22. Dezember 1900, wo neue Bremsklötze eingesetzt wurden, $P_0 = 31{,}9$ kg.

Mithin ist

$$N_{e2} = 0{,}000000517\,(34{,}7 + P)n \text{ bezw. } 0{,}000000517\,(31{,}9 + P)n.$$

Für die Zahnreibungsarbeit des Vorgeleges gelten folgende Werte:

---

[1]) Die allgemeinen Vorzüge der Dampfturbine gegenüber der Kolbenmaschine: Wegfall der Kondensationsverluste, von Oel freies Kondensat, Raum-, Gewicht- und Preisersparnis, einfachere Wartung, rasches Ingangsetzen, leichtere Reparaturfähigkeit, sind hier nicht in Betracht gezogen.

[2]) Vergl. Anhang unter 4, wo auf die »Verbundüberhitzung« hingewiesen wird.

[3]) Dieser Betrag käme der Nutzleistung zugute, wenn die Turbine z. B. direkt mit der Dynamomaschine gekuppelt wäre. Bei Riementrieb fällt allerdings noch der hierdurch verursachte Verlust von der Nutzarbeit ab, doch kann dieser nicht der Turbine zur Last gelegt werden.

[4]) Der Reibungskoeffizient kann bei Ringschmierlager wohl nicht höher gesetzt werden.

Teilkreisdurchmesser $d_1 = 0{,}036$ m . . . . $d_2 = 0{,}36$ m
Zähnezahl $z_1 = 21$ . . . . z_2 210
Teilung . . . . $t = 5{,}39$ mm
Zahnhöhe . . . . $h = 2{,}7$ mm

$$\text{Zahnreibung } R = \mathfrak{P}\left(\frac{1}{z_1}+\frac{1}{z_2}\right)\pi\mu_z \frac{\left(\frac{l_1}{t}\right)^2+\left(\frac{l_2}{t}\right)^2}{\frac{l_1}{t}+\frac{l_2}{t}} = 0{,}0180\,\mathfrak{P},$$

wenn gesetzt wird $\mu_z = 0{,}1$.

$$\text{Eingriffdauer } \frac{l_1}{t} = 0{,}84 \quad \frac{l_2}{t} = 1{,}24$$

und r der zugehörige Zahnradius.

$$\mathfrak{P} = \frac{716{,}2\,N_e}{rn} = \text{Zahndruck am Vorgelege.}$$

Somit wird die Zahnreibungsarbeit

$$N_z = \frac{Rv}{75},$$

worin v die Umfangsgeschwindigkeit am Vorgelege (im Teilkreis) bedeutet, die sich bestimmt aus

$$v = \frac{d_2 n \pi}{60}.$$

2) Zur Bestimmung des »Selbstverbrauches« N_s, d. h. der um die Zusatzarbeit vermehrten Leerlaufarbeit der Turbine habe ich, bevor ich die unmittelbaren Messungen auf elektrischem Wege ausführte, einen mittelbaren Weg eingeschlagen, über den kurz folgendes zu sagen ist:

Bei dem Versuch mit wechselnder Belastung wurden der Reihe nach folgende Beaufschlagungen gewählt:

a) 1 große Düse } halbe Beaufschlagung.
b) 2 kleine Düsen }
c) 1 große und 2 kleine Düsen, d. h. volle Beaufschlagung.

Nun waren im allgemeinen die Düsendurchmesser so gewählt, daß die große annähernd denselben Querschnitt F_m hatte, wie die beiden kleinen zusammen, so daß mithin bei Kombination c) der Gesamtquerschnitt doppelt so groß war wie bei Kombination a) oder b). Da aber Druck und Temperatur bei allen 3 Versuchen die gleichen waren, so konnte man auf folgende Art einen Schluß auf den Selbstverbrauch der Turbine ziehen[1]).

Der Unterschied der Bremsleistungen bei 3 Düsen gegen die Summe der Bremsleistungen bei 1 großen und 2 kleinen Düsen ergibt einen Wert, welcher dem Selbstverbrauch bei 1 großen resp. 2 kleinen Düsen bis auf einen kleinen Zusatzbetrag entspricht.

Unter Voraussetzung gleicher Düsenerweiterung sind die »indizierten« Wirkungsgrade gleich und daher besteht zwischen den einzelnen Leistungswerten folgender Zusammenhang: Es ist

$$N_{i1} = N_{e1} + N_{s1}$$
$$N_{i2} = N_{e2} + N_{s2}$$
$$N_{i3} = N_{e3} + N_{s2}.$$

[1]) Es ist hier zu bemerken, daß die großen Düsen bei den de Laval-Turbinen in der Regel für einen etwas niedrigeren Druck erweitert sind als die kleinen, was seinen Grund darin hat, daß sie als Handregulierdüsen gebraucht werden und in normalem Betrieb daher mit entsprechend niedrigerem Eintrittsdruck arbeiten als die kleinen. Dieser Umstand kommt bei den Versuchen auch zum Ausdruck.

Nun ist wegen der genannten Querschnittverhältnisse

$$N_{i1} + N_{i2} = N_{i3},$$

mithin auch

$$N_{e1} + N_{e2} + N_{s1} + N_{s2} = N_{e3} + N_{s3}$$

und

$$N_{e3} - (N_{e1} + N_{e2}) = N_{s1} + N_{s2} - N_{s3}.$$

Führt man nun die Beziehung ein

$$N_s = N_l + N_z$$

d. h. Selbstverbrauch = Leerlauf- + Zusatzarbeit, so erhalten wir, da

$$N_{e3} - (N_{e1} + N_{e2}) = \varDelta$$

gemessen ist, und da wir berechtigt sind $N_{s1} = N_{s2}$ zu setzen,

$$\varDelta = 2\,(N_l + N_{z1=2}) - (N_l + N_{z3}).$$

Setzen wir noch, was in Wirklichkeit annähernd der Fall ist $N_{z3} = 2\,N_{z1=2}$, so erhalten wir einfach

$$N_l = \varDelta = N_{i3} - (N_{e1} + N_{e2}),$$

d. h. die Differenz $\varDelta$

gibt die Leerlaufarbeit der Turbine bei der bestimmten Umlaufzahl, die bei allen 3 Versuchen natürlich dieselbe sein mußte.

Diese Beziehungen sind auf den Diagrammen 11 und 12 mit dargestellt; auf denselben ist auch noch die Leerlaufarbeit in anderer Weise zeichnerisch ermittelt worden, indem einfach die Linien der Bremsleistung N_e über den Leerlaufdruck hinaus verlängert worden sind, bis sie auf der Ordinate für den Ueberdruck o nach unten den Wert N_l abschneiden. Es zeigt sich dabei, daß alle 3 N_e-Linien ihrem Verlauf nach durch denselben Punkt der Ordinate für Ueberdruck o gehen. Diese Untersuchung wurde später durch die Messungen ziemlich gut bestätigt.

3) Versuche zur Druckstufenturbine (vergl. Anhang 4). Auf Zahlentafel 23 sind einige Versuche verzeichnet, welche darüber Aufschluß geben sollten, wie sich die Ausnutzung des Dampfes in mehreren Druckstufen stellt.

Es wurden 3 Bremsversuche hintereinander angestellt, so daß jedesmal der nächste mit dem Enddruck des vorhergehenden begann. Dabei wurden keine Expansionsdüsen verwandt, sondern verengte und der jedesmalige Gegendruck im Radgehäuse durch Drosselung im Austrittstutzen[1]) genau auf den Wert p_m, d. h. auf den Druck im Mündungsquerschnitt, eingestellt, so daß der Strahl innerhalb des Radgehäuses, welches ebenfalls mit Dampf vom Drucke p_m gefüllt war, frei, d. h. ohne Ueberdruck nach den Radschaufeln strömen konnte. Außerdem war durch richtige Wahl der Düsenquerschnitte dafür gesorgt, daß bei jedem Einzelversuch die gleiche Dampfmenge zur Verwendung kam, ebenso wie die Anfangs- und Endtemperaturen in richtigem Verhältnis zu einander standen. Es wurden so 3 Stufen hintereinander geschaltet und die jedesmal erhaltenen Bremsleistungen addiert. Dabei zeigte sich, wie nach den Leerlaufversuchen zu erwarten war, daß durch das Arbeiten des Rades im gepreßten, also dichteren Dampf ein ganz bedeutender Radwiderstand sich einstellte, denn das Bremsergebnis war ganz unbefriedigend und stand noch unter demjenigen, welches bei

---

[1]) Zu dem Zwecke war eine Drosselklappe in den Austrittstutzen eingebaut worden.

gleicher Dampfmenge unter gleichem Druck und Temperatur mit der einstufigen de Laval-Anordnung (erweiterte Düse) erreicht wurde[1]).

Im Anhang unter 4 wird gezeigt werden, wie eine Druckstufenturbine rationell betrieben werden könnte.

4) Kombination von Hochdruck- und Niederdruckbetrieb (Verbundturbine).

Es soll noch kurz darauf hingewiesen werden, wie sich die Leistung einer Doppelturbine stellt, bei welcher das erste Rad wie beim Versuch vom 3. April 1901 mit 7 kg/qcm Anfangsdruck und 500° Anfangstemperatur und atmosphärischem Gegendruck, das zweite jedoch mit atmosphärischem Anfangsdruck, 340° Anfangstemperatur und 0,1 kg/qcm Gegendruck arbeitet. (Vergl. beistehendes Wärmediagramm, Fig. 23.)

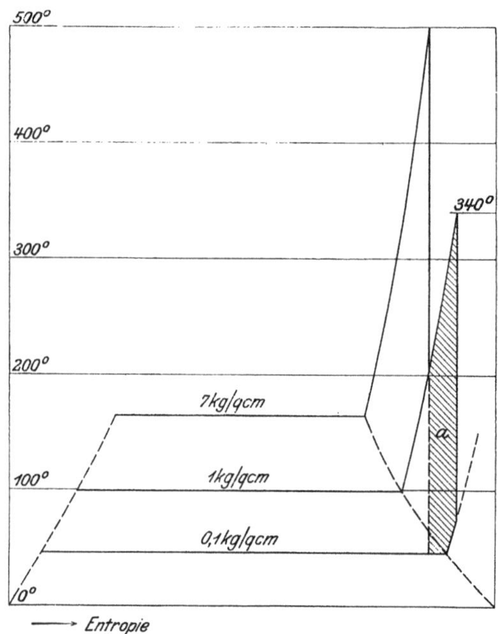

Fig. 23.

Selbstverständlich wäre es möglich, auch mit der ersten Turbine allein gleich von 7 auf 0,1 kg zu expandieren, also mit Kondensation zu arbeiten, doch würde dabei der indizierte Wirkungsgrad wesentlich niedriger werden, da hier die Dampfgeschwindigkeit w 1370 m beträgt und daher die Umfangsgeschwindigkeit des Rades entsprechend gesteigert werden müßte. In diesem Falle würde die Leistung bei denselben Wirkungsgraden η_i und η_m rd. 91 PS betragen, dagegen gibt die Doppelturbine etwa 100 PS, was darauf zurückzuführen ist, daß im letzteren Falle durch die Temperatur des Abdampfes von 340° bei der Hochdruckstufe die Strömenergie des Arbeitsdampfes für die Niederdruckstufe vergrößert wird. Die Mehrleistung von 9 PS ist durch die Fläche a in der Figur gekennzeichnet.

[1]) Es sind neuerdings Achsial-Stufenturbinen konstruiert worden, welche zur Verringerung der Umlaufzahlen ebenfalls die Unterteilung des Druckes unter Beibehaltung des Freistrahlsystems anstreben, sie alle werden unter der großen Radreibung in den teilweise unter Ueberdruck stehenden Zwischengehäusen zu leiden haben, wenn man nicht den Niederdruckbetrieb anwendet (vergl. Anhang unter 4). Erinnert sei an die Systeme von Curtis und Rateau.

Die Leistung von 597 kg Dampf pro Stunde betrug nämlich nach dem Versuch 52 PS_e. Diese 597 kg leisten nun in der zweiten Turbine noch weitere Arbeit und zwar beträgt die Strömenergie für diesen Fall $H = 50880$ mkg, die Geschwindigkeit des aus der Niederdruckdüse tretenden Dampfes ist $= \infty$ 1000 m, mithin können wir bei gleicher Radgeschwindigkeit (219 m) einen indizierten Wirkungsgrad von 0,46 annehmen, während der mechanische Wirkungsgrad wegen des dünneren Mediums im Radgehäuse wenigstens der gleiche ist wie bei der Hochdruckturbine (0,93). Somit erhalten wir in der Niederdruckturbine mit Abdampf der Hochdruckturbine noch eine effektive Leistung

$$N_e = \frac{50880 . 0{,}46 . 0{,}93 . 597}{3600 . 75} = 48 \, PS_e$$

und es hebt sich die Ausnutzung des Dampfes gegenüber dem Versuch mit Auspuff vom 3. April 1901 um 92,3 vH, oder der thermische Wirkungsgrad η_{te} steigt von 6,78 auf 13,02 vH. Dabei ist allerdings die Luftpumpenarbeit nicht berücksichtigt. Es wäre auch denkbar, die erste Turbine mit hohem Druck und mittlerer Ueberhitzung (350°) zu treiben, dagegen den Niederdruckdampf vor Eintritt in die zweite Turbine hoch (500 bis 600°) zu überhitzen, wobei in einem Hochdruckkessel 2 Ueberhitzer so anzuordnen sind, daß der eine (Hochdrucküberhitzer) 350°, der andere (Niederdrucküberhitzer) 500 bis 600° Dampftemperatur ergibt. Danach würde z. B. der auf Fig. 20 bis 22 dargestellte Dampfkessel mit geteiltem Ueberhitzer imstande sein, eine Hoch- und eine Niederdruckturbine bezw. eine Verbundturbine von zusammen rd. 200 PS_e zu betreiben. Dabei ist angenommen, daß die Hochdruckturbine mit 5 kg/qcm absoluter Eintrittspannung und 380° Dampftemperatur, die Niederdruckturbine mit 1 kg/qcm absoluter Eintrittspannung und 550° Dampftemperatur arbeitet. Die Gegendrücke wären 1 bezw. 0,1 kg/qcm abs. Der Kesselwirkungsgrad ist hier zu 75 vH anzunehmen, da der Kessel etwa mit 5 bis 6 kg/qcm Betriebsüberdruck arbeiten müßte.

Anschließend hieran sei noch der folgende Vorschlag gemacht: Bei einer Hochdruck-Dampfmaschine läßt man den Dampf in einen Zwischenbehälter auspuffen, der wiederum zum Speisen einer Niederdruckkondensations-Heißdampfturbine dient. Dabei ist es unbenommen, den Zwischenbehälter als Ueberhitzer (z. B. mit eigner Feuerung) auszubilden und hier den Dampf über die der Kolbenmaschine gezogenen Grenzen zu überhitzen. Bei dieser Anordnung könnte z. B. die Kolbenmaschine (langsam laufend) auf die Transmission, die Dampfturbine (schnell laufend) auf eine Dynamomaschine arbeiten[1]). Der Arbeitsvorgang ist im Wärmediagramm 26 veranschaulicht und außerdem geben die Wärmepläne (Diagramm 24 und 25) ein Bild über die mit dem Verbundsystem zu erwartenden Ausnutzungsgrade. (Vergl. die wichtige Mitteilung in l'Eclairage Electrique, Tome XXXI No. 15 v. 12. April 1902, Supplement S. XIV, die dem Verfasser erst während der Drucklegung bekannt wurde.)

Dresden, den 17. April 1902.

---

[1]) Erst nach Fertigstellung meiner Arbeit wurde mir die interessante Mitteilung über einen Fall von Niederdruckbetrieb bei Dampfturbinen (ohne Ueberhitzung) in l'Eclairage électrique T. XXXI Suppl. S. XIV vom 12. April 1902 bekannt. Auch waren mir die vielfach neuen und wichtigen Forschungen Stodolas auf dem Gebiet der Dampfturbinen damals noch nicht zugänglich.

Heft 10: Günther: Verfahren zur Gewinnung von Kupfer und Nickel aus kupfer- und nickelhaltigen Magnetkiesen.

Grübler: Versuche über die Festigkeit von Schmirgel- und Karborundumscheiben.

Klein: Reibungsziffern für Holz und Eisen.

Heft 11: Schmidt: Untersuchungen über die Umlaufbewegung hydrometrischer Flügel.

Bach und **Roser:** Untersuchung eines dreigängigen Schneckengetriebes.

Frank: Neuere Ermittlungen über die Widerstände der Lokomotiven und Bahnzüge mit besonderer Berücksichtigung grofser Fahrgeschwindigkeiten.

Bach: Abhängigkeit der Wirksamkeit des Oelabscheiders von der Beschaffenheit des den Dampfzylindern zugeführten Oeles.

Der Preis jedes Heftes im Buchhandel ist 1 ℳ. Bestellungen, denen der Betrag beizufügen ist, sind an die Verlagsbuchhandlung von Julius Springer, Berlin N., Monbijouplatz 3, zu richten. Lieferung gegen Rechnung, Nachnahme usw. findet nicht statt.

Vorausbestellungen auf längere Zeit können in der Weise geschehen, dafs ein Betrag für mehrere Hefte eingesandt wird, bis zu dessen Erschöpfung die Hefte in der Reihenfolge ihres Erscheinens geliefert werden.

Lehrer, Studierende und Schüler der technischen Hoch- und Mittelschulen können jedes Heft für 50 Pfg. beziehen, wenn die Bestellung an die Geschäftstelle des Vereines deutscher Ingenieure, Berlin N.W., Charlottenstr. 43, gerichtet wird.